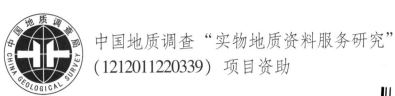

中国地质调查"实物地质资料服务研究"（1212011220339）项目资助

整装勘查区实物地质资料信息集成技术方法研究与应用

任香爱　杜东阳　刘向东
张慧军　王海华　张开成　等著
苏白燕　张业成

地质出版社

·北　京·

内 容 提 要

本书总结了整装勘查区实物地质资料信息集成技术方法，主要包括信息集成思路、信息集成内容、数据组织结构、数据整理要求、数据包制作与使用方法，并介绍了两个整装勘查区实物地质资料信息集成示范应用成果。

本书可指导从事整装勘查的专业人员熟练掌握数据包的使用方法，能快速查询所需的各种地质资料信息。同时，可供地质资料馆藏管理人员开发专题服务产品参考使用。

图书在版编目（CIP）数据

整装勘查区实物地质资料信息集成技术方法研究与应用／任香爱等著. —北京：地质出版社，2016.7
ISBN 978－7－116－09834－3

Ⅰ. ①整…　Ⅱ. ①任…　Ⅲ. ①地质勘探－信息处理
Ⅳ. ①P624

中国版本图书馆 CIP 数据核字（2016）第 173971 号

责任编辑： 孙亚芸
责任校对： 王素荣
出版发行： 地质出版社
社址邮编： 北京市海淀区学院路 31 号，100083
电　　话： (010) 66554528（邮购部）；(010) 66554633（编辑室）
网　　址： http：//www. gph. com. cn
传　　真： (010) 66554629
印　　刷： 北京地大天成印务有限公司
开　　本： 787mm×1092mm $\frac{1}{16}$
印　　张： 5.25
字　　数： 127 千字
版　　次： 2016 年 7 月北京第 1 版
印　　次： 2016 年 7 月北京第 1 次印刷
审 图 号： GS (2016) 1281 号
定　　价： 38.00 元
书　　号： ISBN 978－7－116－09834－3

（如对本书有建议或意见，敬请致电本社；如本书有印装问题，本社负责调换）

前　言

为了满足经济社会持续快速发展对矿产资源的迫切需求，2011年国家组织实施整装勘查工作。2011～2013年，国土资源部经过反复论证，批准设立了109个整装勘查区。为了充分发挥地质资料对整装勘查工作的信息支持，2012年7月国土资源部办公厅下发了《关于深入推进地质资料信息服务集群化为找矿突破战略行动提供服务的通知》（国土资厅发〔2012〕45号），要求各省（区、市）国土资源主管部门"积极主动开发地质资料信息服务产品""将整装勘查区和重点成矿区带内的重要成果、原始地质资料等信息分别集成为资料包，并采取主动上门服务和召开产品推介会等方式向承担找矿突破战略行动任务的单位提供资料包服务"。

国土资源实物地质资料中心作为国家级实物地质资料馆藏机构，积极响应国土资源部和中国地质调查局部署，在中国地质图书馆和四川省国土资源资料馆、青海省国土资源博物馆的协助下，开展了整装勘查区实物地质资料信息集成研究与示范工作。基本思路和主要任务是：以整装勘查区为单元，以地质工作项目为前导，全面梳理汇总历年开展的基础地质调查、矿产资源勘查、物探化探遥感地质调查以及地质科研项目，收集整理取得的成果地质资料、原始地质资料和文献资料，清理各种实物地质资料，开发地质资料信息集成系统，制作数据包，总结实物地质资料信息集成技术要求与工作方法；选择四川省攀西整装勘查区和青海省祁漫塔格整装勘查区开展信息集成与应用示范，进而完善整装勘查区实物地质资料信息集成技术方法，在全国推广应用。

该项工作成果完成人主要包括中国地质图书馆王海华、马冰、周峰、李逸川，青海省国土资源博物馆黄朝晖、张开成、乔强、王红英、王雪力、刘建华、张文君、张钟月，以及四川省国土资源资料馆苏白燕、罗进、雒余飒、梁成云、尹国龙。

根据该项工作成果，撰写了本书。全书共分4章：第一章介绍整装勘查区实物地质资料信息集成总体思路与工作流程；第二章介绍整装勘查区实物地质资料信息收集与数据组织方法；第三章介绍整装勘查区实物地质资料信息集成系统开发与数据包制作方法；第四章介绍四川省攀西整装勘查区和青海省祁漫塔格整装勘查区实物地质资料信息集成与应用示范工作成果。

因笔者水平所限，本书难免有偏颇或不妥之处，敬请指正。

目 录

第一章　整装勘查区实物地质资料
信息集成总体思路与工作流程

第一节　实物地质资料信息集成的基本原则

一、信息集成及主要任务

信息集成/集成平台（Integrated information/Integrated platform）是指系统中各子系统和用户的信息采用统一的标准、规范和编码，实现全系统信息共享，进而可实现相关用户软件间的交互和有序工作。一般来说，信息集成是一种使相关的多元信息有机融合并优化使用的理念。它不是信息的堆积或信息载体的物理堆积，而是通过一定的方式使分散的信息形成一个有机的整体。因此，信息集成也叫信息重组。

信息集成的主要任务是根据用户的需求，将密切相关的信息资源组合在一起的过程。通过这种组合可以提供用户方便快捷的检索工具和友好亲切的检索结果；通过这种组合能够全面反映信息之间的联系，便于相关信息的对比研究。信息集成的最终目的在于服务，其采用的先进的计算机信息处理技术，包括数据库、地理信息系统、网络及多媒体等各种手段，将各类信息聚合集成，搭建一个多功能、全方位，实现信息共享的信息集成系统，向用户提供服务。

二、信息集成的基本原则

对一定区域地质工作形成的实物地质资料信息及其他相关信息，按照一定的逻辑关系和统一标准，进行有组织、标准化的整理汇聚，形成一套信息资源丰富的数据集成工作流程。

实物地质资料信息集成的基本原则如下：

——标准化和规范化原则：信息集成工作应遵循国际和国内地学、图书馆学、资料档案以及信息技术的国家及行业标准。

——示范性原则：数据集成应遵循示范性原则，选取有代表性的地区进行数据集成示范，为后续推广利用奠定基础。

——易用性原则：实物地质资料信息集成所形成的成果应为普通用户能快速使用，通过集成后得到的数据包用户能方便地获取所需的地质资料信息。

——可持续性原则：实物地质资料信息集成工作不是一蹴而就的，也不是一劳永逸的，而是应当以研究信息集成的方法和技术手段为重点，以示范区资料集成为出发点，不断完善集成方法和管理策略，为集成后的地质资料可持续利用提供保障。

第二节　整装勘查区实物地质资料信息集成的总体思路与工作流程

一、信息集成的目的

所谓整装勘查是指打破传统分阶段、分专业组织地质调查的工作模式，在同一构造成矿区带上，对同一构造单元的成矿集中区，按照科学规划、统一部署的原则，组织地质勘查单位和矿业企业，集中人力、财力、物力等各方面力量，联合开展物探、化探、钻探等工作，力争实现找矿重大突破发现和评价一批具有重大影响的大型或特大型矿产地。

为此，2011～2013年，国土资源部经过反复论证，批准设立了109个整装勘查区。这些勘查区大多以往工作程度比较高，找矿前景比较好。科学部署和有效实施整装勘查工作，必须充分利用已有的成果和各种资料，才能降低勘查风险和找矿成本，提高找矿效果。然而，受目前我国地质资料管理服务水平限制，利用这些资料还存在不少困难。首先，每个整装勘查区的以往地质工作类型多样，除了矿产勘查外，还有基础地质调查、物探化探遥感地质调查以及地质科研等；所产生的地质资料类型也是多种多样，除了成果地质资料和原始地质资料外，还有岩心、标本、样品、光薄片等实物地质资料以及专著、论文等文献资料。其次，这些地质资料分散保管在全国地质资料馆、国家实物地质资料馆（国土资源实物地质资料中心）、省（区、市）地质资料馆以及地勘单位、科研院所、地质院校等单位，因此查看利用非常不便——不仅耗时费力，而且很难获得全面完整的地质资料信息。

基于这种情况，以整装勘查区为单元，清理岩心、标本、样品、光薄片等实物地质资料，同时全面收集成果地质资料、钻孔资料以及图书文献资料，制作资料包，从而为组织实施整装勘查的单位和个人提供全方位的"一站式"服务，进而推动找矿突破战略行动。与此同时，探索创新实物地质资料产品的开发方法与服务模式，提高实物地质资料管理服务水平。

二、信息集成的总体思路

整装勘查区实物地质资料信息集成的总体思路就是借鉴国内外地质资料信息集成经验，采用先进的计算机信息处理技术，利用数据库、地理信息系统、网络及多媒体等手段，将勘查区以往地质工作产生的实物地质资料、成果地质资料和文献地质资料按照一定的逻辑关系和统一的标准，进行有组织、标准化的聚集，形成一套完整的地质资料，以数据包的形式为地质勘查、科研以及其他用户提供"一站式"地质资料信息服务，支撑找矿突破战略行动。

三、信息集成的主要内容与工作流程

首先，全面总结整装勘查区以往工作成果，收集整理取得的实物地质资料以及成果地质资料、钻孔资料和图书文献资料。与此同时，开发信息集成系统。然后，将各种地质资料信息录入集成系统，制作成实物地质资料数据包。最后，推广应用（图1-1）。

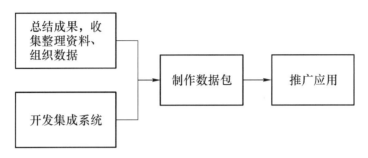

图1-1　实物地质资料信息集成主要内容与工作流程示意图

第二章 整装勘查区实物地质资料信息收集与数据组织

第一节 信 息 收 集

一、收集方法

如前所述,整装勘查区实物地质资料信息集成的总体思路是把以往地质工作形成的各种地质资料和文献整合成数据包,向社会提供服务。这些地质资料信息的最大特点是种类多、数量大、保管分散——资料类型包括实物地质资料、成果地质资料、钻孔资料和图书文献资料;产生这些资料的地质工作类型主要包括区域地质调查、物探化探遥感地质调查、矿产资源勘查、科研等;这些地质工作的时间跨度大,有的甚至可以追溯到新中国成立以前;这些地质资料保管比较分散,除主要集中在全国地质资料馆、国土资源实物地质资料中心、中国地质图书馆外,还有大量地质资料保管在地质工作单位和一些专业院校。

基于这种情况,收集地质资料信息的要点是按照不同系列把各种地质资料信息进行全面收集和系统整理,为制作数据包提供可靠基础。

为达到上述目的,首先全面总结以往工作进展,汇总分析整装勘查区及所在区域基础地质调查、矿产勘查、物探化探遥感地质调查以及科研工作历程与取得的成果,编制工作程度图;在全面掌握已有工作进展的基础上,系统收集各种地质资料信息。

不同地质资料信息的收集途径和方法不尽相同。实物地质资料和成果地质资料、图书文献资料是信息集成的核心内容。其中成果地质资料以全国地质资料馆和省地质资料馆为主要来源,地质工作单位予以补充。图书文献以中国地质图书馆为主要来源,地质工作单位和专业院校予以补充。

实物地质资料收集比较困难。这主要有两个方面的原因:第一,目前我国实物地质资料保管实行分级管理的模式,实物地质资料分散保管在不同的单位,同一个工作项目产生的实物地质资料也可能分散保管在不同地点、不同单位;第二,不同保管单位保管的实物地质资料信息丰富程度不同,无法按照统一的标准进行集成。

根据实物地质资料保管情况,采用不同方法收集实物地质资料信息。

国土资源实物地质资料中心保管的实物地质资料:信息内容较为完善,可完全按照信息集成的工作要求进行数据整合集成。可以向用户提供的信息:岩心信息包括岩心影像及回次信息,标本信息包括详细描述和标本影像信息,光薄片信息包括镜下描述及显微影像信息等。

地勘单位保管的实物地质资料:保管条件有限,通常没有规范的信息记录,而且大多散乱。因此，首先对库藏的实物地质资料进行清理，进而按照矿区、项目、钻孔建立实物地质资料目录和基本信息。

为了使利用者了解整装勘查区的基本情况，更好地利用实物地质资料信息集成数据包，除了收集各种地质资料和图书文献信息外，还应依据整装勘查区所在行政区的地质矿产主管部门和勘查机构的分类，收集整理整装勘查区的基础资料，主要包括整装勘查区范围、自然地理、区域地质矿产以及整装勘查工作部署等方面的内容。

二、收集内容

包括项目基本信息、实物地质资料信息、成果地质资料信息、图书文献资料信息以及整装勘查区基础信息等5个方面内容。

（一）项目基本信息

信息集成数据是以整装勘查区内的项目基本信息为单位，关联有关的信息数据。具体内容包括：项目名称，为所有信息的主导字段，其他信息均以项目名称为准进行关联；项目编码，是所属工作项目的编码，应与对应任务书的项目编码一致，也可以作为关联字段；工作类型、工作程度和行政区划，均参照具体的标准采用选项的方式；工作区坐标，采用标准的经纬度标注方式；报告名称，是指地质工作形成的成果报告名称，用于关联成果地质资料；相关实物设置，说明项目是否产生了实物地质资料，如有实物地质资料则在数量部分与实物地质资料目录信息进行关联；保存状况，是指实物地质资料的保存情况，可分为良好、掩埋和损毁等。

（二）实物地质资料信息

实物地质资料信息是整个信息集成的核心部分，分为实物地质资料目录信息、钻孔信息、岩心信息、标本信息、光薄片信息、副样信息等。实物地质资料目录信息以资料名称为牵导，辅以项目名称与项目基本信息部分关联；实物地质资料类型信息以实物地质资料名称为牵导，与实物地质资料目录信息部分关联。

实物地质资料目录信息以案卷级实物地质资料为基本单位，主要包括资料的基本信息、保存状况、保管地点、实物地质资料类型及数量、相关资料等。目录信息以资料名称和案卷号来关联实物地质资料类型信息。保存状况是指实物地质资料的保存情况，可分为良好、掩埋和损毁等。保管地点是指实物地质资料保管单位的通讯地址。所属项目名称是指形成对应实物地质资料的工作项目名称，用来关联项目基本信息。实物地质资料的类型和数量应填写每种实物资料类型的数量，与项目基本信息的相关实物部分进行关联。相关资料主要指以上实物地质资料类型对应的说明性文字、图件、测试结果等资料，用来关联实物地质资料相关资料信息。

实物地质资料类型信息包括钻孔信息、岩心信息、标本信息、光薄片信息、副样信息。它们以资料名称和案卷号来关联实物地质资料目录信息。钻孔信息中的经纬度坐标和直角坐标分别采用标准的经纬度标注方式和大地坐标标注方式。岩心信息中的钻孔编号与钻孔信息中的钻孔编号要相同，分层岩心描述内容与数字化影像做对应关联。标本信息中的标本类型和采样方法参照相关地质工作标准选项，地理坐标按照标准经纬度方式标注，标本描述内容与标本影像信息做对应关联。光薄片信息中的光薄片如果形成于相应的标本，光薄片编号和标本编号要与标本信息中的编号一致，镜下描述内容与显微影像信息做对应关联。副样信息中的采样坐标按照标准经纬度方式标注。

（三）成果地质资料信息

成果地质资料信息主要是与项目对应的成果地质资料目录信息。主要包括资料名称、类别、保管单位、保管地、所属项目名称、内容摘要等。成果地质资料名称与项目基本信息中的报告名称相关联，所属项目名称与项目基本信息中的项目名称一致。

（四）图书文献资料信息

图书文献资料信息主要是与整装勘查区有关的图书文献资料的目录以及全文。主要包括编号、题名、时间、摘要等。

（五）整装勘查区基础信息

整装勘查区基础信息主要包括整装勘查区自然地理、地质矿产以及整装勘查部署和进展等资料信息。

第二节　信息整理与数据组织

一、信息整理与数据组织结构

数据组织依照实物地质资料管理形式，采用分级管理模式（图2-1）。以某个整装勘查区为基本数据单元，数据信息由该整装勘查区的一些基本信息构成，作为一级目录；以整装勘查区内的项目基本信息为单位，反映该整装勘查区相关项目的基本信息，同时以一个整装勘查区为单位还应提供图书文献资料的目录以及全文，共同作为二级目录。项目基本信息包含实物地质资料和成果地质资料，其中成果地质资料仅提供相关文件的基本目录信息，其他详细信息不作深入，作为三级目录。以实物地质资料的文件级信息为主，反映具体实物地质资料的基本信息特征，数据项的设置比较详尽，作为四级目录。

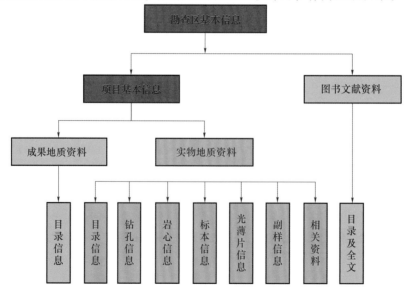

图2-1　实物地质资料信息集成结构图

信息集成的数据整理是以地质工作项目为基本单位，按照数据项设置的信息组织结构和集成内容进行逐步整理，各要素符合设定的格式和标准，数据项之间以项目名称作为关联项，逻辑组构应符合要求。如果同一个工作项目形成多个案卷级实物地质资料，则按照实际情况分别进行整理，以项目名称作为关联；多个工作项目形成的实物地质资料组合构成一个案卷级实物地质资料，按照工作项目个数分别进行整理，如有特殊情况可附以说明。

二、信息整理与数据组织方法

（一）项目基本信息表

项目基本信息表作为基础数据信息表，以项目名称为牵导，关联有关的集成信息数据，主要的信息内容包括基本信息和资料信息（表2-1）。

表2-1　项目基本信息表

项目名称					项目编码			
承担单位					项目负责人			
工作类型					工作程度			
行政区划								
起始时间				终止时间				
起始经度	E			终止经度	E			
起始纬度	N			终止纬度	N			
报告名称								
相关实物	无□	有□	钻孔数：_____（个）；岩心：_____（米）；标本：_____（块）；薄　片：_____（片）；光片：_____（片）；副样：_____（袋）					
保存状况								
备　注								

（1）项目名称

工作项目名称应与工作任务下达时的项目名称一致。区调项目应包含图幅名称（国际标准图幅名称）、图幅号（国际标准图幅分幅号）、工作程度（比例尺）和相应的后缀说明部分；项目为联测的，应补全图幅基本信息。其他类别的项目按照项目名称填写即可。

（2）项目编码

指所属工作项目的编码，应与任务书的项目编码一致。

（3）承担单位

指工作项目承担单位的全称；承担单位为两个或两个以上的按次序全部标注。

（4）项目负责人

指工作项目负责人姓名；负责人为两个或两个以上的按次序全部标注。

（5）工作类型

地质工作类型包括区域地质调查、海洋地质调查、矿产勘查、水工环勘查、物化遥调查、地质科学研究、技术方法研究、其他。

（6）工作程度

区域地质调查分为1∶100万、1∶50万、1∶25万、1∶20万、1∶10万、1∶5万、其他比例尺；矿产勘查工作程度分为预查、普查、详查、勘探。

（7）行政区划

指工作区所属的行政区划，以最新发布的国家行政区划名称和代码为依据进行填写；最低行政级别标注为县一级，跨两个或两个以上县域的，全部标注。

（8）起止时间

指项目工作开展的开始时间和终止时间——起始时间以任务书下达时间为准，终止时间一般以提交报告时间为准。

（9）工作区坐标

指工作区的起止经纬度坐标，一般采用四角极值标注。

（10）报告名称

指地质工作形成的成果报告名称，用于关联成果地质资料。

（11）相关实物

主要填写该项目是否产生实物地质资料，以及形成的实物地质资料的类型和数量等。

（12）保存状况

指实物地质资料的保存情况，可分为良好、掩埋和损毁等。

（13）备注

需要说明或补充的信息——在以上各数据项未能或未完全表述的，均可在备注项中做补充说明。

（二）实物地质资料信息表

该部分内容是整个信息集成的核心部分，分为实物地质资料目录信息表、钻孔信息表、岩心信息表、标本信息表、光薄片信息表、副样信息表等。目录信息部分以资料名称为牵导，辅以项目名称与项目信息部分关联，实物地质资料类型信息表（为钻孔信息表、岩心信息表、标本信息表、光薄片信息表、副样信息表的总称）以实物地质资料名称为牵导与实物地质资料目录信息部分关联。

1. 实物地质资料目录信息表

以案卷级实物地质资料为基本单位，主要信息包括资料的基本信息、保存状况、保管情况、实物地质资料类型及数量、相关资料类型及数量等（表2-2）。

表2-2　实物地质资料目录信息表

资料名称		案卷号	
保存状况			
保管单位		保管地点	
所属项目名称			
实物地质资料类型及数量	钻孔数：＿＿＿＿（个）　　岩心：＿＿＿＿（米）　　标本：＿＿＿＿（块）		
	薄　片：＿＿＿＿（片）　　光片：＿＿＿＿（片）　　副样：＿＿＿＿（袋）		
相关资料类型及数量	文本＿＿＿＿（册）　　　　电子文件＿＿＿＿（份）		
	图件＿＿＿＿（张）　　　　电子图件＿＿＿＿（张）		
备注			

（1）资料名称

指地质资料馆藏机构中一个案卷级实物地质资料的资料名称；地勘单位按照项目为单位保管的实物地质资料，其项目名称为资料名称。

（2）案卷号

指馆藏资料对应的案卷编号或地勘单位保管的实物地质资料编号。

（3）保存状况

指实物地质资料的保存情况，可分为良好、掩埋和损毁等。

（4）保管单位

指保管实物地质资料的单位名称。

（5）保管地点

指保管实物地质资料的单位地点，一般按照单位通讯地址填写。

（6）所属项目名称

指形成实物地质资料的工作项目名称。

（7）实物地质资料类型及数量

实物地质资料的类型有岩心、标本、薄片、光片、副样和其他类型等；对应还应填写每种实物地质资料类型的数量。

（8）相关资料类型及数量

相关资料指各种实物地质资料对应的说明性文字、图件、测试结果等资料。相关资料主要包括岩矿心钻孔的工程布置图、勘探线剖面图、柱状图、钻孔地质记录表、采样登记表、标本登记表、光薄片登记表、化探样（副样）取样登记表等，以及相应的缩分记录、鉴定或试验测试分析成果等。相关资料分为文本和图件两种形式、纸质和电子两种载体，在信息表中应予表明。

（9）备注

指需要说明或补充的信息——在以上各数据项未能或未完全表述的，均可在备注项中做补充说明。

2. 钻孔信息表

以一个钻孔为基本信息单元，反映该钻孔的基本信息内容（表2-3）。

表2-3　钻孔信息表

钻孔编号				
所属资料名称			资料案卷号	
勘探线号				
钻孔经度			钻孔纬度	
钻孔直角坐标 X		钻孔直角坐标 Y		钻孔直角坐标 H
开孔日期			终孔日期	
实际孔深（米）		钻取岩心长度（米）		保管岩心长度（米）
钻取岩屑数量			保管岩屑数量	
备注				

（1）钻孔编号

钻孔编号应与钻孔原始编录中的编号一致。

（2）所属资料名称

指钻孔所在案卷级资料名称。

（3）资料案卷号

指钻孔所在案卷级资料的编号。

（4）勘探线号

指钻孔所在勘探线的编号；无勘探线时，可不填。

（5）经纬度

指钻孔的经纬度坐标，按照经纬度坐标有关要求填写。

（6）直角坐标

指钻孔的大地坐标，按照直角坐标有关要求填写。

（7）开终孔日期

指钻孔开始钻探和结束的时间，与钻孔地质编录中的时间一致。

（8）实际孔深

指钻孔的实际钻孔深度。

（9）钻取岩心长度

指钻孔内提取岩心的总长度。

（10）保管岩心长度

指保管在实物地质资料馆藏机构或地质工作单位的岩心总长度。

（11）钻取岩屑数量

指在钻孔掘进过程中采集的岩屑的数量（袋）。

（12）保管岩屑数量

指保存在馆藏机构中的的岩屑数量（袋）。

（13）备注

指需要说明或补充的信息——未在以上各数据项未能或未完全表述的，均可在备注项中作补充说明。

3. 岩心信息表

主要描述岩心的基本信息，内容主要包括钻孔深度、分层岩心描述等。有条件的应收集岩心数字化影像信息（表 2 - 4）。

表 2 - 4　岩心描述信息表

钻孔编号			
所属资料名称		资料案卷号	
钻孔深度（米）			
分层起始深度（米）		分层终止深度（米）	
分层岩心描述			
数字化影像			
备注			

（1）钻孔编号

钻孔的编号应与钻孔原始编录中的编号一致。

（2）所属资料名称

指钻孔所在案卷级资料名称。

（3）资料案卷号

指钻孔所在案卷级资料的编号。

（4）钻孔深度

指钻孔的实际钻孔深度。

（5）分层起始和终止深度

指按岩性特征划分的岩性分层的起始深度和终止深度。

（6）分层岩心描述

按岩性特征分层进行描述；描述内容参照相关规范要求。

（7）数字化影像

指数字化扫描工作形成的岩心影像信息。

（8）备注

指需要说明或补充的信息——未在以上各数据项未能或未完全表述的，均可在备注项中作补充说明。

4. 标本信息表

主要描述标本的基本信息，内容主要包括采样方法、采集位置、地理坐标、标本描述等（表2-5）。

表2-5 标本信息表

标本编号		标本名称	
所属资料名称		资料案卷号	
薄片编号		光片编号	
标本类型		采样方法	
采集位置		地理坐标	
采集人		采集日期	
标本描述			
标本影像			
备注			

（1）标本编号

指标本的编号；有原始编号的应保留其原始的编号。

（2）标本名称

一般采用标本的综合定名。

（3）所属资料名称

指标本所在案卷级资料名称。

（4）资料案卷号

指标本所在案卷级资料的编号。

（5）光薄片编号

用标本制作光薄片的，需填写光薄片的编号；如没有，则不填。

（6）标本类型

标本类型一般有岩石标本、矿石（物）标本、构造标本等。

（7）采样方法

标本的采样方法，包括拣块法、刻槽法、刻线法、剥层法、全巷法、钻探法等。

（8）采集位置

指标本采集所在的岩性单位，如岩性组名称、岩体名称、构造带名称。

（9）地理坐标

指标本采集地点的经纬度坐标。

（10）采集人与采集日期

指标本的采集人姓名和采集日期。

（11）标本描述

综合标本的整体观察描述、局部细节观察描述及光薄片显微观察描述。主要内容包括标本的名称、产地、颜色、结构、构造、主要矿物组成及含量、矿物成因、矿床类型、其他特征（围岩类型、世代关系、成矿期次、蚀变等）等。

（12）标本影像

指数字化工作形成的标本影像信息。

（13）备注

指需要说明或补充的信息——在以上各数据项未能或未完全表述的，均可在备注项中做补充说明。

5. 光薄片信息表

主要描述对应的光薄片信息，内容包括地理坐标、镜下描述、显微影像等（表2－6）。

表2－6　光薄片信息表

光薄片编号		光薄片名称	
所属资料名称		资料案卷号	
图幅名称		剖面名称	
地理坐标		标本编号	
镜下描述			
显微影像			
备注			

（1）光薄片编号

指光薄片的编号；有原始编号的应保留其原始编号。

（2）光薄片名称

指光薄片的名称，一般应为综合定名。

（3）所属资料名称

指光薄片所在案卷级资料名称。

（4）资料案卷号

指光薄片所在案卷级资料的编号。

（5）图幅名称

指实物地质资料对应的图幅名称，也可填写图幅编号。

（6）剖面名称

指实物地质资料对应的剖面名称，也可填写剖面编号。

（7）地理坐标

指光薄片采集地点的地理坐标。

（8）标本编号

指光薄片对应的标本编号。

（9）镜下描述

指光薄片的镜下观察及特征描述。描述内容应符合相关的专业编制要求，主要内容包括结构、构造、矿物组成等。

（10）显微影像

指数字化工作形成的镜下影像特征信息。

（11）备注

指需要说明或补充的信息——在以上各数据项未能或未完全表述的，均可在备注项中做补充说明。

6. 副样信息表

信息内容包括副样类型、采样位置、采样坐标、采集方法、副样简介等（表 2 - 7）。

表 2 - 7　副样信息表

副样编号		副样名称	
所属资料名称		资料案卷号	
采样目的		副样类型	
采样位置		采样坐标	
采集方法		采集时间	
副样简介			
备注			

（1）副样编号

指副样的编号。有原始编号的应保留其原始的编号。

（2）副样名称

指副样的名称。副样为系列样、组合样的，其副样名称可用副样编号代替，不再单独标记名称。

（3）所属资料名称

指副样所在案卷级资料的名称。

（4）资料案卷号

指副样所在案卷级资料的编号。

（5）采样目的

指样品采集的目的，如区域化探、矿区化探、化学分析、地球化学普查、地球化学详查等。

（6）副样类型

副样的类型可分为岩（矿）石化学成分分析副样、化探副样（岩石测量法、土壤测量法、水系沉积物测量法）、光谱全分析副样、化学全分析副样、组合分析副样、物相分析副样等。

（7）采样位置

指样品采集点的岩性单位。

（8）采样坐标

指样品采集地的地理坐标。

（9）采集方法

包括化探取样、刻槽取样、钻探取样等。

（10）采集时间

指样品的采集日期。

（11）副样简介

不成批次按单个样品分别进行描述，成批次的描述总体特征。

（12）备注

指需要说明或补充的信息——在以上各数据项未能或未完全表述的，均可在备注项中做补充说明。

7. 实物地质资料相关资料信息表

相关资料指与实物地质资料类型对应的说明性文字、图件、测试结果等资料。相关资料分为文本和图件两种内容形式进行目录汇总（表2-8）。

表2-8　实物地质资料相关资料信息表

相关资料编号		相关资料名称	
所属资料名称		资料案卷号	
相关资料类别		文件数量	

（1）相关资料编号

指相关资料的编号，可按文件顺序依次进行编号。

（2）相关资料名称

指相关资料的文件名称。

（3）所属资料名称

指资料所在案卷级资料的名称。

（4）资料案卷号

指资料所在案卷级资料的编号。

（5）相关资料类别

分为文本、图件两类。

（6）文件数量

指相关资料的文件数量。

（三）成果地质资料目录信息表

成果地质资料信息仅提供项目成果地质资料的基本目录信息，用户可根据此目录迅速了解整装勘查区内的地质成果资料（表2-9）。

表2-9　成果地质资料目录信息表

成果资料名称		资料类别	
保管单位		保管地点	
案卷号		所属项目名称	
工作区范围		内容摘要	

（1）成果资料名称

指成果地质资料的题名。

（2）资料类别

指成果地质资料的类别，包括区域地质调查、海洋地质调查、矿产勘查、水工环勘查、物化遥勘查、地质科学研究、技术方法研究、其他。

（3）保管单位

指成果地质资料的保管单位。

（4）保管地点

指成果地质资料的保管地点。

（5）案卷号

指成果地质资料所在馆藏机构的资料编号。

（6）所属项目名称

指所属工作项目的名称。

（7）工作区范围

指工作区的起止经纬度坐标。

（8）内容摘要

简单扼要介绍成果地质资料的主要内容。

（四）图书文献资料信息表

图书文献资料信息是指以整装勘查区为单位的图书文献类资料的目录及全文。由于图书文献资料按照项目不易区分，这里将其单列出来（表2-10）。

表2-10　图书文献资料信息表

勘查区编码		文献编号	
题名		责任者	
主题词		专著/期刊	
年期		基金	
摘要			

（1）勘查区编码

指图书文献资料所属整装勘查区的代码，以国土资源部发布的 3 批整装勘查区的顺序号为依据进行填写。

（2）文献编号

指图书文献资料的编号；如无编号，可按文件顺序依次进行编号。

（3）题名

指图书文献资料的名称。

（4）责任者

指图书文献资料的责任作者。

（5）主题词

指图书文献资料的关键词。

（6）专著/期刊

指图书文献所属的专著或期刊名称。

（7）年期

指图书文献所属的专著或期刊的出版年份和期号。

（8）基金

指图书文献所获支撑的基金名称。

（9）摘要

简单扼要介绍文献资料的主要内容。

第三章　整装勘查区实物地质资料信息集成系统开发与数据包制作

第一节　信息集成系统开发

一、集成系统功能设计

集成系统软件主要分为两大功能：数据采集（输入）功能和信息展示（数据输出）功能。

（一）数据采集（输入）功能设计

数据采集部分应按照项目所研究的信息组织结构进行计算机语言字段的编制，各数据项间的逻辑组构符合要求。

采集的信息主要包括项目基本信息、成果地质资料、实物地质资料、图书文献资料，因此采集系统共包括相应的 4 个数据模块，其中，项目基本信息为一级模块，其余 3 个为二级模块（并列关系）。

1. 输入信息数据要求

输入信息中，内容较多的文字部分，应保证文字格式的正确，如上下角标、字母、符号（含特殊符号）的完整、正确显示；时间型字符均按照标准 8 位要求填写；坐标型字符，均按照标准的坐标注记方式填写，不足位应补"0"；选项型数据项，选项及代码的设置要与标准一致。

2. 输入信息功能要求

总体要求：按照既定的模块分步设计，彼此关联，按照组织结构呈现逐步递进的形式；"新建"、"保存"、"修改"、"数据导入"、"数据导出"、"增加"、"删减""帮助"等功能风格简单明了，易于操作；"确定"、"错误"等提示应采用一致的声音；影像文件的导入应采用一定的技术处理，在保证图像分辨率不受较大影响的前提下，能实现快速加载，并且具有预览功能。

具体细节要求：信息输入部分，尽量加强自动纠错的功能，如时间项的输入，只接受 8 位格式；选项型输入时，应具有条件筛选的功能，如工作类型选择"区调类"，工作程度仅出现比例尺，工作类型为"矿产勘查类"，工作程度仅出现勘查程度，其他类型的不出现工作程度的选择。部分关联性较强的数据项，应实现同步更改的功能，并具有提示功能，确认更改过程的合理性；对于整体导入的数据，应具有较强的检查、识别功能，如导入的数据要进行自动检查，提示具体哪个数据项不符合要求而不能导入等。

（二）信息展示（数据输出）功能设计

将输入的信息分层次、多内容地展示给用户。信息展示功能应体现风格简约、操作简便、界面友好的基本特征，数据提取方便，易于读取和利用。

功能结构的组成主要有：欢迎界面→整装勘查区基本信息→地质资料信息。

1. 欢迎界面

用较直观的图片或是简单动画等形式制作一个欢迎界面，界面本着"简单实用，美观大方"的原则进行设计。该界面将设置几个关键的入口，如："快速查询"入口（查询具体整装勘查区的名称，快速进入该整装勘查区地质资料信息部分）、"全国整装勘查区基本介绍"等。

（1）全国整装勘查区基本介绍

这一专栏内，主要包括全部整装勘查区的基本设置情况文字介绍和全国整装勘查区分布图两部分内容。

文字介绍：按照整装勘查区为单位简要介绍，文字来源以公开发布的整装勘查区有关文字为准，原则上对字数不做限制，对各整装勘查区以列表形式进行排列，每个整装勘查区的名称均可进行链接，连接到下一级集成信息内容。

全国整装勘查区分布图：图形可以做一定程度的放大和缩小，放大效果以某个整装勘查区的范围能清楚识别为准，并且与文字部分可做关联。

（2）快速查询

快速查询功能可以分为几个类别进行查询服务，如整装勘查区、矿种、实物资料类型等进行集成信息的快速查找。

2. 整装勘查区基本信息

展示整装勘查区的基本信息：可分为整装勘查区详细介绍、整装勘查区的工作程度图等部分。

详细介绍该整装勘查区所处的地理位置、交通情况、地理概况、区域地质、矿产地质条件；整装勘查区各种地质工作程度；整装勘查区工作部署与进展情况等。主要采用文字和图件的形式介绍。

3. 地质资料信息

以地质工作项目为前导，全面展示各个项目取得的实物地质资料信息、成果地质资料信息以及整装勘查区的图书文献信息。

二、信息集成系统的关键技术

（一）Web Service 技术

Web Service 是采用标准的、规范的 XML 描述操作的接口，这种服务描述被称为 Web 服务描述。Web 服务描述囊括了与服务交互需要的全部细节，包括消息格式、传输协议和位置。Web 服务接口隐藏了实现服务的细节，允许独立于软硬件平台的服务调用 Web 服务。Web Service 是独立的、模块化的应用，能够通过 Web 服务描述语言来描述、发布、定位以及调用，从而实现面向组件和跨平台、跨语言的松散耦合应用集成。Web 服务是分布式环境中实现复杂的聚集或商业交易的最佳体系结构。

Web Service 具有以下特点：

1. 良好的封装性

Web 服务是一种部署在 Web 上的对象，具备对象的良好封装性，对于使用者而言，他看到的仅仅是该服务的描述。

2. 松散耦合

当 Web 服务的实现发生变更时，只要 Web 服务的调用接口不变，调用者是不会感到这种变更的，Web 服务的任何变更对调用他们的接口来说都是透明的。XML/SOAP 是 Internet 环境下 Web 服务的一种比较适合的消息交换协议。

3. 协议规范

首先，Web 服务使用标准的描述语言来描述（比如 WSDL）服务；其次，通过服务注册机制，由标准描述语言描述的服务界面是可以被发现的，同时标准描述语言不仅用于服务界面，也用于 Web 服务的聚合、跨 Web 服务的事务、工作流等；再次，Web 服务的安全标准也已形成；最后，Web 服务是可管理的。

4. 高度可集成能力

由于 Web 服务采取简单的、易理解的标准 Web 协议作为组件界面描述和协同描述规范，完全屏蔽了不同软件平台的差异，无论是 CORBA、DCOM 还是 EJB 都可以通过这种标准的协议进行互操作，实现了在当前环境下最高的可集成性。

（二）NOSQL 技术

在系统中提供了一个简单高效的分布式 NOSQL 数据库，实现与关系数据库的读写分离架构，将本系统中需要使用的静态数据（如代码表、组织结构等）以及提供查询的业务数据利用数据同步技术加载到 NOSQL 数据库中，然后由 NOSQL 数据库向业务组件提供统一的数据服务。通过使用 NOSQL 数据库可以大大降低对关系数据库系统的依赖，从而大大降低对系统 I/O 的要求。数据在内存中采用 3 种方式组织：静态数组、序列和平衡二叉树。

NOSQL 数据库采用多线程模型实现，多线程主要是通过实例化多个 libevent 实现的，分别是一个主线程和 n 个 workers 线程，无论是主线程还是 workers 线程全部通过 libevent 管理网络事件，每个线程都是一个单独的 libevent 实例。主线程负责监听客户端的建立连接请求，以及接收连接，workers 线程负责处理已经建立好的连接的读写等事件。NOSQL 数据库原理如图 3-1 所示。

本系统的 NOSQL 数据库同时还提供了一个高性能的基于 java nio 技术实现的客户端框架。内存数据库支持 append、prepend、gets、批量 gets、cas 等多协议的支持；支持分布式体系，支持连接多个 NOSQL 数据库服务器，支持简单的余数分布和一致性哈希分布。

NOSQL 数据库主要特性如下：

1）高性能。

2）支持完整的缓存文本协议、二进制协议。

3）支持 JMX，可以通过 MBean 调整性能参数、动态添加/移除 server、查看统计等。

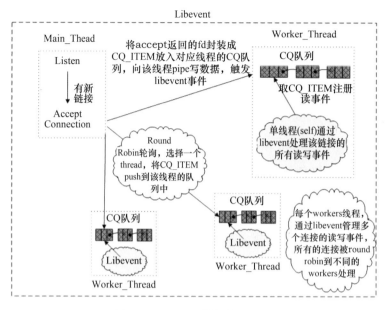

图 3 - 1 NOSQL 数据库原理图

4）支持客户端统计。

5）支持缓存节点的动态增减。

6）支持缓存分布：如余数分布和一致性哈希分布。

7）采用 Slab Allocator 机制分配、管理内存。

8）提供 java、C#、C/C + +等多语言客户端支持。

本系统 NOSQL 数据库的优势主要体现在以下方面：

1）分布式：可以由多台机器，构成一个庞大的内存池，不够的情况下还可通过增加机器来扩展。庞大的内存池，完全可以把大部分热点业务数据保存进去，由内存来阻挡大部分对数据库读取的请求，对数据库释放可观的压力。

2）性能强：内存的读写和磁盘读写效率上几个数量级的差距，所以比关系数据库的性能强很多倍。

第二节 数据包制作

一、数据包制作的基本原则

——标准化和规范化原则：数据包制作遵循信息技术的国家及行业标准、规范。

——安全性原则：数据集成遵循国家的各种信息安全标准，确保信息资源存储、传输和应用的安全性。

——易用性原则：数据包作为实物地质资料管理和为社会提供服务的一种手段和渠道，在设计过程中充分考虑使用者的需求，考虑数据包的易用性，保障后期应用与推广。

——可扩展性原则：数据包采用自主非关系型数据库引擎，模块之间松耦合，且数据之间交互采用 Web Service 方式，方便今后数据包的扩展。

二、数据包架构

根据管理和应用需求，将数据包的功能设计分为后台管理和前台服务两大部分。其中，后台管理主要面向数据包的维护人员，包括后台资料录入、导入导出、资料分类、浏览和增删改、代码表管理、索引管理、用户管理和缓存管理等；前台服务包括勘查区资料检索、勘查区地图导航、资料浏览与下载等功能（图 3 - 2）。

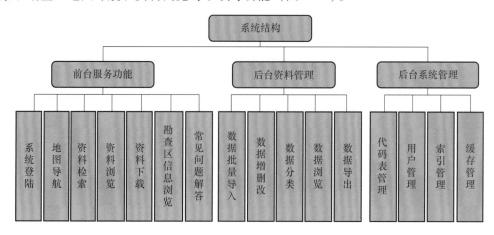

图 3 - 2　数据包架构示意图

数据包采取客户端/服务器（C/S）的架构模式，基于微软 . Net 框架进行开发制作。以整装勘查区为单元，以项目工作为第一层级，将实物、成果、文献以及勘查区相关信息资料集成在一起集中展示。用户可在不安装其他第三方插件或程序的前提下，方便快捷地运行数据包获得信息。

设计的分层实体关系模型，可通过项目编码将地质资料关联起来。在设计数据包的物理模型之时，考虑所收集得到的数据量因为对象数据数量较多而较大，传统的关系型数据库管理系统在处理大批量的结构化和非结构化混合数据时会面临寻址慢、查询效率低等一系列问题，本项目采用非关系型数据库技术，将结构化数据以二维表的方式存储下来，同时建立起索引，而对对象数据则采用非关系系统数据库技术对其进行键值（Key-Value）方式存储，建立交叉索引树，方便快速获取某一数据对象。

数据库中设置了整装勘查区基本信息表、示例整装勘查区开展的项目信息表、项目工作形成的成果地质资料信息表、实物地质资料信息表以及文献地质资料信息表，其中实物地质资料又细化为各类实物地质资料类型的信息表，包括钻孔信息表、岩心信息表、标本信息表、光薄片信息表、副样信息表和相关资料表 6 类（图 3 - 3）。

在设计数据包时，根据数据包未来多用于野外等科研生产第一线的实际应用环境，为方便数据包的传播与利用，课题组将数据包设计成一款 C/S（客户端/服务器）架构的软件包，使用数据包的用户可再 Windows 操作系统下的台式机或笔记本电脑进行简单的安装即可利用数据包中集成的地质资料，无需安装其他任何插件。

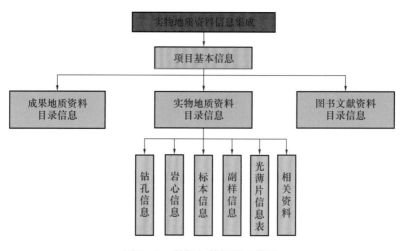

图 3 - 3 数据包数据概念模型

数据包的总体架构设计为如图 3 - 4 所示的三层模式,即数据层—业务逻辑层—用户层。

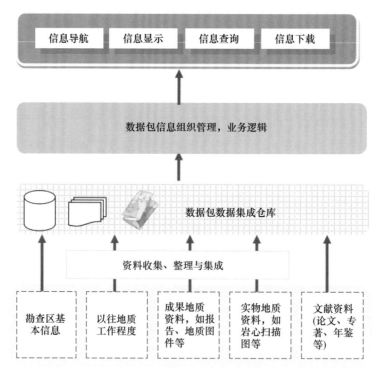

图 3 - 4 数据包三层体系结构图

用户层:用户可以通过数据包前台服务获得整装勘查区地质资料信息的导航、信息查询、信息下载等服务。

业务逻辑层:主要处理各类地质资料集成信息的批量导入、组织、管理和索引,负责处理用户的信息查询和获取需求。

数据层：存放了各类与整装勘查相关的地质资料信息，这些数据以某个整装勘查区的地质工作项目为组织单元进行组织存放。

三、数据包制作方法与工作步骤

经过检查合格、整理之后的数据，录入整装勘查区实物地质资料信息集成系统中，制作完成整装勘查区实物地质资料信息集成数据包。

数据包制作可采用逐项录入和批量导入两种方式录入数据。

（一）逐项录入

信息集成系统提供了规范化录入方式，按照系统的数据著录设置，逐项将项目基本信息、实物地质资料信息、成果地质资料信息、图书文献资料信息导入信息集成系统中，完成整装勘查区实物地质资料信息集成数据包制作。

逐项录入方式的优点是数据导入规范，可以最大程度地避免关键数据录入错误，以及数据之间的关联关系错误；缺点是数据录入依靠手工完成，效率低下，工作量大，录入的数据也容易出错。

逐项录入方式制作数据包步骤如下：

第一步：首先录入整装勘查区概况，包括自然地理、区域地质矿产、整装勘查工作部署与进展等资料的文档和图件。

第二步：录入图书文献资料信息，包括图书文献资料目录信息以及全文。

第三步：录入某个项目的基本信息，要保证项目名称的准确性。

第四步：在对应项目的下一级，录入成果地质资料目录信息和实物地质资料目录信息。

第五步：在对应实物地质资料目录的下一级，依次录入钻孔信息、岩心信息、标本信息、光薄片信息、副样信息和相关资料信息。

第六步：重复第三、四、五步，录入下一个项目信息。

（二）批量导入

信息集成系统同时提供了便捷的批量导入方式，可以批量将项目基本信息、实物地质资料信息、成果地质资料信息、图书文献资料信息导入信息集成系统中，完成整装勘查区实物地质资料信息集成数据包制作。

批量导入方式的优点是数据可以批量导入，提高了效率，工作量大大降低；缺点是批量导入前需将数据按照一定的结构组织（图3-5），而且数据之间的关联关系容易出错。

批量导入方式制作数据包步骤如下：

第一步：首先将整装勘查区概况、项目基本信息、实物地质资料信息、成果地质资料信息、图书文献资料信息按照一定的结构进行组织。

第二步：通过信息集成系统的批量导入功能批量导入数据。

第三步：检查导入的数据是否准确和完整。

第四步：对于检查出错误的数据，可通过逐项录入方式修改数据。

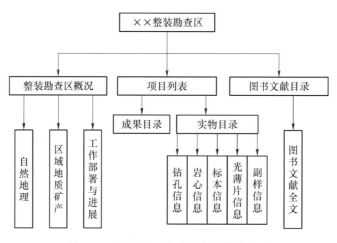

图 3-5 批量导入方式的数据结构关系

第三节 数据包使用说明

一、数据包技术说明

数据包为专题信息数据集成包，单机条件下使用即可，可在 Windows 操作系统下的台式机或笔记本电脑上独立运行，无需安装任何插件。数据包能实现即时安装即时使用的功能，兼容性强，不受 Internet 链接影响，而且不受使用频次的影响，可重复多次利用。数据包不涉及地质资料的涉密问题，数据的更新维护比较简单，专业人员经简单培训后可实现自主维护。

数据包是一款 C/S（客户端/服务器）架构的软件包，开发环境为微软 .net Visual Studio 2010，采用的开发语言为 C#，后端数据库采用了自主知识产权的海纳数据仓储。该仓储是一款针对非结构化数据进行集中存储、索引和管理的一套工具。

数据包前端采用了窗体 Win 程序和浏览器嵌入两种方式进行信息展示，同时还集成了轻量级的 GIS 系统以供按地图位置进行勘查区导航。管理员用户进入数据包后可采用逐项录入、批量导入等方式采集数据。

数据包具备整装勘查区按地图位置导航、信息统一检索、集成资料树状浏览、文件及图件查阅等功能，为用户提供了一站式的地质资料信息获取途径，是实物地质资料社会化服务工作的一项重要服务产品。

二、数据包功能

整装勘查区实物地质资料信息集成数据包具有信息展示和数据采集两大功能。展示功能使用户通过整装勘查区导航和快速查询等方式获得勘查区概况以及项目基本信息、实物地质资料信息、成果地质资料信息、图书文献信息资料。应用采集功能可及时补充整装勘查区新产生的实物地质资料信息、钻孔信息、岩心信息、标本信息、光薄片信息、副样信息以及成果地质资料信息、图书文献资料信息，不断丰富和完善数据包（图 3-6）。

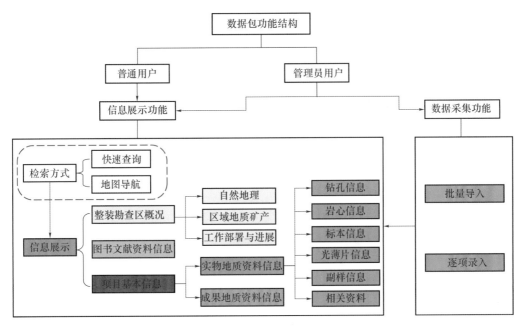

图 3 – 6　数据包应用结构功能图

三、数据包信息查询浏览方法

（一）系统登录

双击启动"整装勘查区实物地质资料信息集成系统"（左下脚显示系统初始化）（图 3 – 7），即可进入登录界面。

图 3 – 7　数据包启动画面

进入登录界面后（图3-8），输入用户名、密码。

用户名：user。

密　码：user@123。

图3-8　数据包用户登录界面

（二）信息查询与浏览

1. 勘查区导航

登录系统后，进入"勘查区导航"界面（图3-9），用户也可单击主页面菜单栏"勘查区导航"菜单进入导航界面。导航界面主要是全国3批97个整装勘查区（不含铀矿）分布图。

用户在左侧树结构图中选定省份和勘查区，左键双击即可进入相应的勘查区（或显示"没有更详细的资料"）。右侧勘查区分布图可定位至所选勘查区。通过滚动鼠标滚轮对地图进行缩放，按住鼠标左键对地图进行移动，移至要查看的勘查区后，双击鼠标左键（或右键点击"详细信息"）即可进入相应的勘查区（或显示"没有更详细的资料"）。

2. 快速查询

用户也可通过菜单栏中的"快速查询"菜单快速查找所需信息（图3-10）。快速查询功能可通过以下几个类别进行查询检索：整装勘查区、实物地质资料、成果地质资料、图书文献资料。选定检索类别（如整装勘查区）后在"检索"框输入关键字进行检索，即可快速查询到所需信息。也可选定框中的某一类别，不键入关键字，点击检索进行空检，将显示该类别中的所有信息。

由于图书文献资料按照项目不易区分，信息集成时以整装勘查区为单位，因此只能通过"快速查询"方式来查询和浏览图书文献资料信息。

3. 勘查区信息浏览

进入某一整装勘查区后，用户可以查看勘查区内每个项目的实物地质资料分布情况（图3-11）。项目实物地质资料有3种类型：无实物资料，有实物资料（没有保存），有

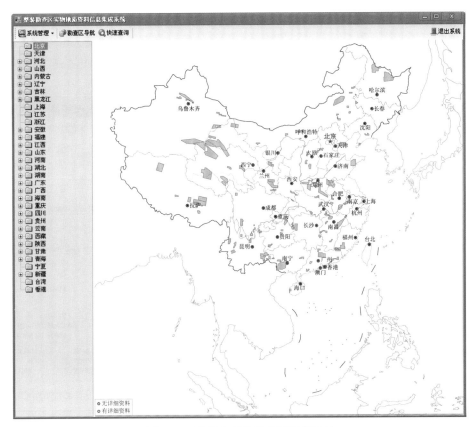

图 3 - 9 数据包整装勘查区地图导航

记录号	标题	勘查区编码	面积	坐标区域	勘查区简介	地区编码	备注
⇒9	山东单县一河南商丘地…	6	1684	115.54166666666…		山东	
⇒10	河南舞阳一新蔡地区铁…	7	8606	113.58222222222…		河南	
⇒11	新疆西天山阿吾拉勒铁…	8	7430	82.75,43.583333…		新疆	
⇒12	四川攀西地区钒钛磁铁…	9	491	101.82611111111…		四川	
⇒13	四川攀西地区钒钛磁铁…	9	359	101.94472222222…		四川	
⇒14	四川攀西地区钒钛磁铁…	9	635	102.1111111111…		四川	
⇒15	四川攀西地区钒钛磁铁…	9	256	102.03722222222…		四川	
⇒16	四川攀西地区钒钛磁铁…	9	366	102.20472222222…		四川	
⇒17	甘肃北山营毛沱一玉石…	10	6954	95,41.666666666…		甘肃	
⇒18	云南牟定安益地区铁矿…	11	1634	101.86694444444…		云南	
⇒19	江西赣中地区铁矿整装勘查	12	2366	114.98888888888…		江西	
⇒20	福建龙岩马坑一大田汤…	13	8377	117.57083333333…		福建	
⇒21	安徽庐枞地区铁铜矿整…	14	4080	117.30611111111…		安徽	
⇒22	新疆和漫塔格格地区铁铜…	15	31460	85.743055555555…		新疆	
⇒23	新疆西昆仑塔什库尔干…	16	4800	75.25,37.666666…		新疆	
⇒24	黑龙江多宝山一大新屯地…	17	14286	125.5,50.666666…		黑龙江	
⇒25	青海祁曼塔格格地区铁铜…	18	24160	90.51777777777…		青海	
⇒26	云南香格里格拉咱地区…	19	4136	99.613055555555…		云南	
⇒27	江西东乡一德兴地区铜…	20	9312	118.19,29.4025;…		江西	
⇒28	江西九瑞地区铜多金属…	21	3140	115.24583333333…		江西	
⇒29	广东雪山峰地区铜多金…	22	7848	113.5,24.666666…		广东	
⇒30	广东雪山峰地区铜多金…	22		114.38333333333…		广东	
⇒31	西藏米拉山地区铜钼矿…	23	12290	90.75,29.333333…		西藏	
⇒32	西藏山南地区铜矿整装…	24	5300	91.29,29.166666666…		西藏	
⇒33	西藏尼木地区铜矿整装勘查	25	3600	89.75,29.333333…		西藏	
⇒34	西藏多龙地区铜多金属…	26	13000	82.75,32.166666…		西藏	
⇒35	河南渑池礼庄寨一平顶…	27	1090	111.39722222222…		河南	

图 3 - 10 快速查询界面

实物资料（保存良好）。通过滚动鼠标滚轮对地图进行缩放，按住鼠标左键对地图进行移动，点击图上不同颜色的小圆点可以查看项目信息。如有多个项目重叠，可以在下面的框内点击查看（双击可查看实物信息）。用户可点击左上角的"显示项目区块"和"显示项目标题"然后进行查看。

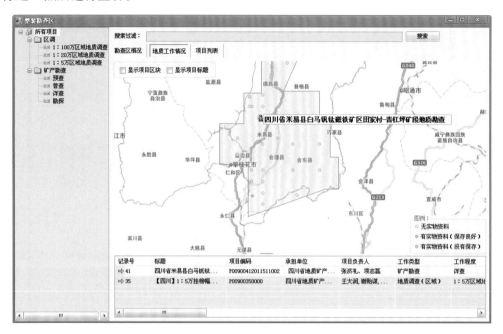

图 3－11　整装勘查区内项目的实物地质资料分布情况

点击左上角的"勘查区概况"将显示整装勘查区介绍（图 3－12），内容包括整装勘查区的自然地理、区域地质矿产、整装勘查工作部署与进展等。勘查区概况采用以文字介绍为主，交通位置图、区域地质矿产图、整装勘查工作部署图为辅的形式进行展示。

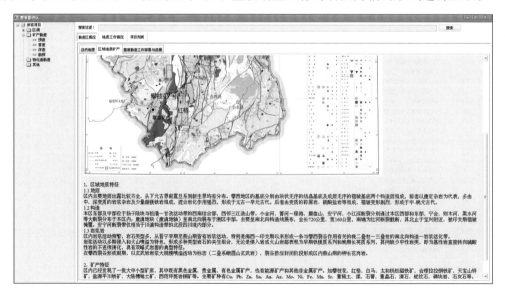

图 3－12　整装勘查区概况

4. 项目及地质信息查询

点击左上角的"项目列表"将显示整装勘查区内的项目基本信息（图 3 – 13），具体表现形式为列表。在上方的"搜索"中根据需要，输入检索内容进行检索。

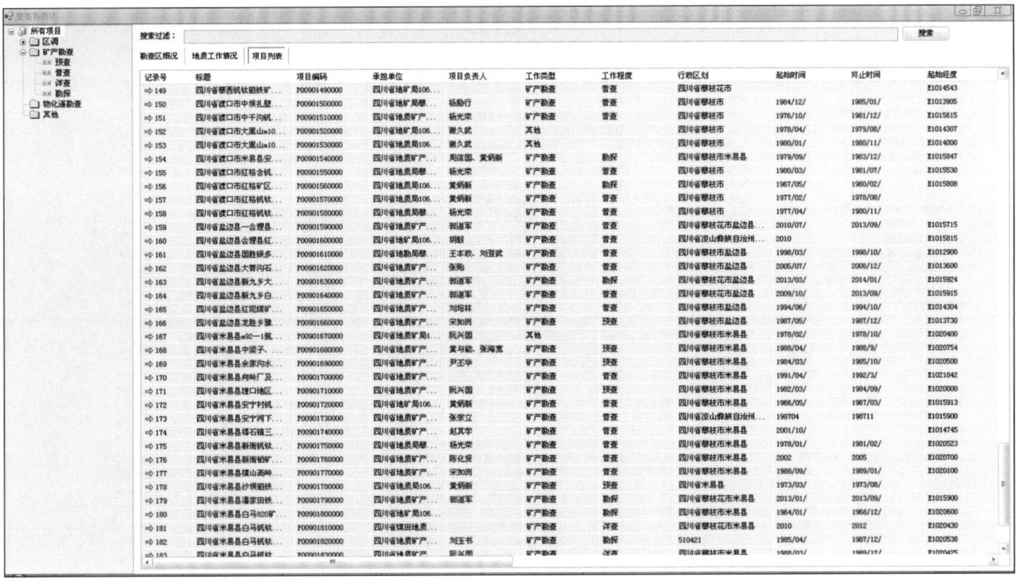

图 3 – 13　浏览与查看项目列表信息

也可通过滑动窗口下方的滚动条，进行承担单位、报告名称等具体信息的查看浏览（图 3 – 14）。

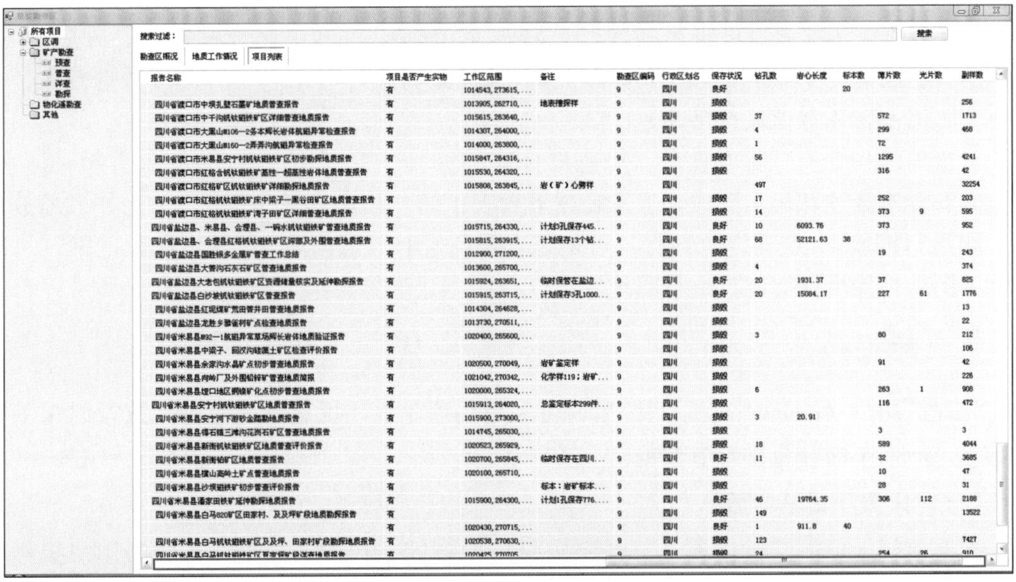

图 3 – 14　信息浏览

双击列表中的某一项目可查看项目的实物地质资料信息和成果地质资料信息。可单击树结构中实物地质资料与成果地质资料进行分类查看（图 3 - 15）。

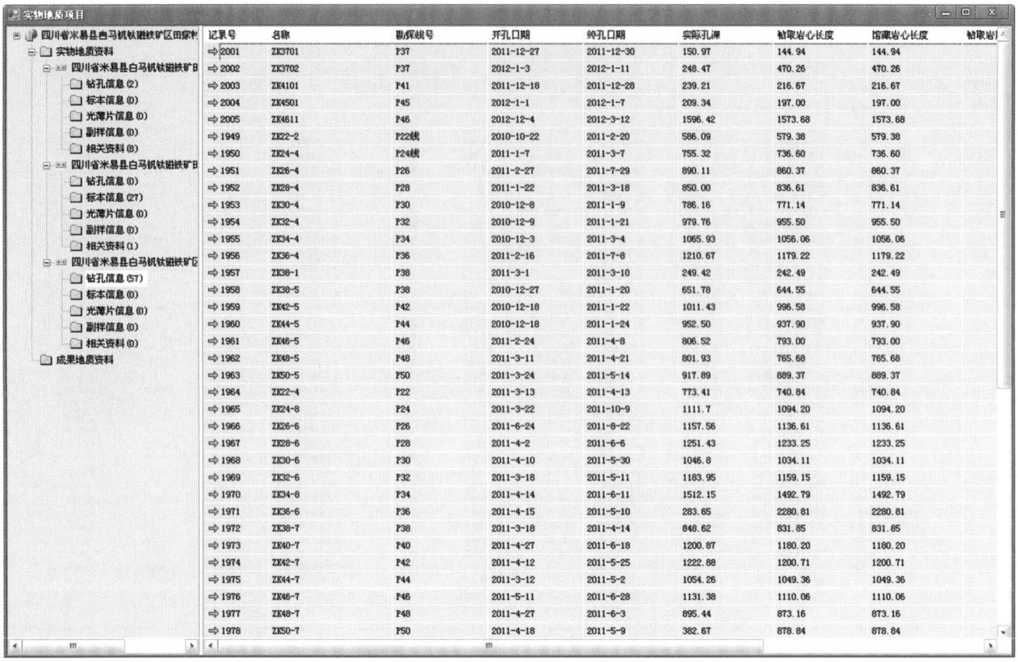

图 3 - 15　实物地质信息和成果地质资料信息浏览

单击树结构中的"钻孔信息"可查看钻孔的详细信息。双击某一钻孔，可以查看钻孔的分层描述信息和岩心影像效果图（图 3 - 16）。点击在树形列表中的"岩心影像效果图"，上方"缩放因子"可进行缩放，"快速定位到层"可快速查看各岩心分层内容，"导出深度范围"可以对样本图片按照勘探深度，进行图片导出（注：图片数据较大，可根据实际需要输入数值进行导出）。

单击树结构中的"标本信息"可查看标本的详细信息（图 3 - 17）。双击某一标本，可以查看标本描述和标本图像。点击在树形列表中的"岩心影像效果图"，上方"缩放因子"可进行缩放，"快速定位到层"可快速查看各岩心分层内容，"导出深度范围"可以对样本图片按照勘探深度，进行图片导出。

四、数据采集（补充完善数据包）方法

管理员用户（admin）登录系统后，可采用逐项录入、批量导入两种方式及时采集各种信息，从而不断补充更新数据包。

（一）采集项目基本信息

在菜单栏上单击"数据著录"选定省份与勘查区名称的前提下，系统为用户提供了"数据著录"（图 3 - 18），其中主要包含数据的添加、编辑、删除等功能。

点击"添加项目"增加新数据内容，录入"项目基本信息"（图 3 - 19），单击"保存"按钮。

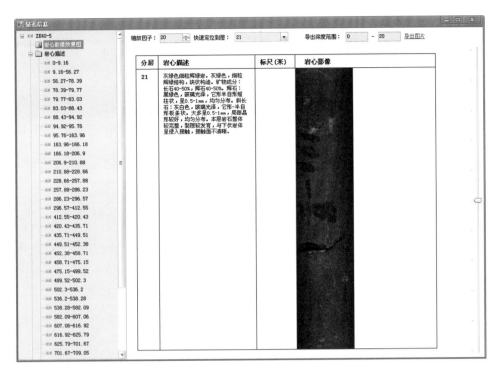

图 3 – 16　岩心影像效果图

图 3 – 17　标本信息浏览

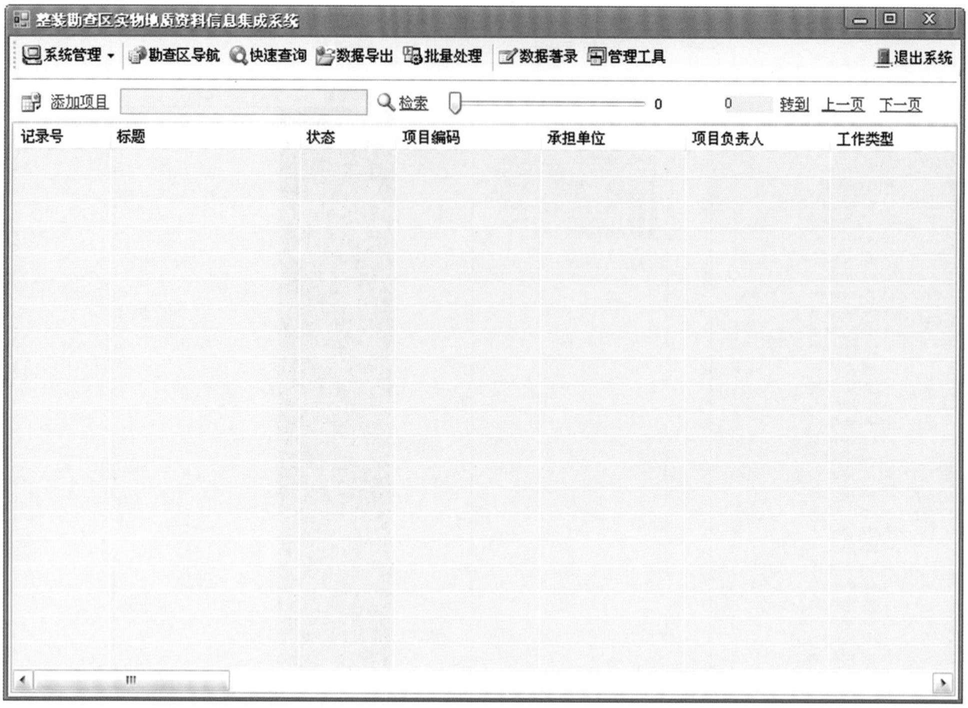

图 3－18　数据著录界面

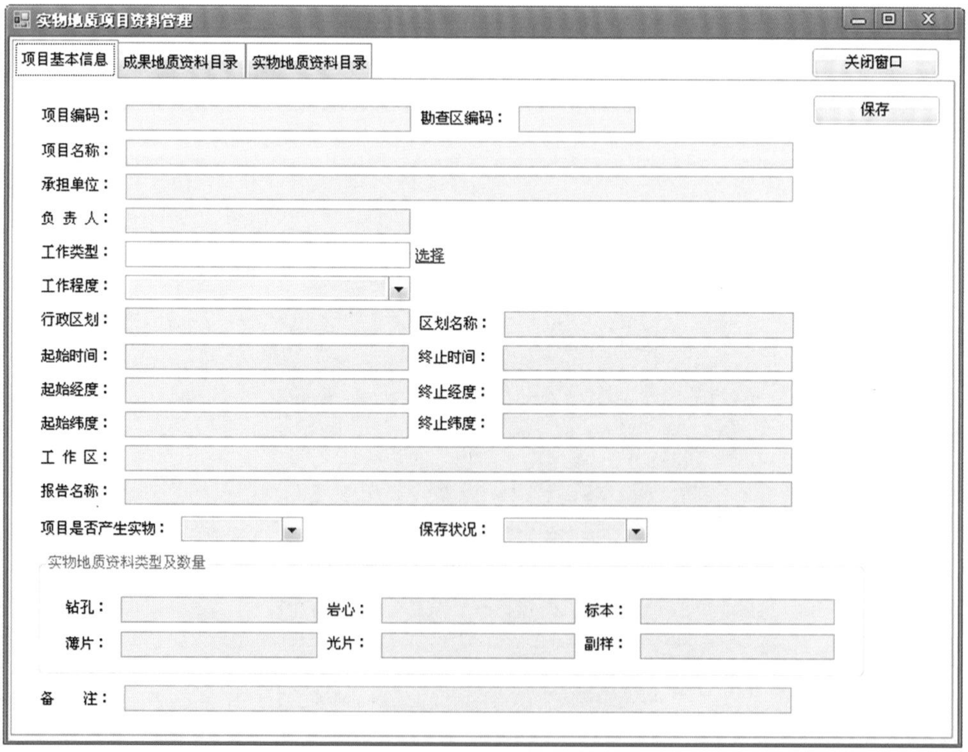

图 3－19　项目基本信息采集

也可点击"检索"进行空检，将显示所有已有项目信息（图 3 - 20）。在列表中已有项目上点击鼠标右键，可进行编辑、审核、删除等操作。

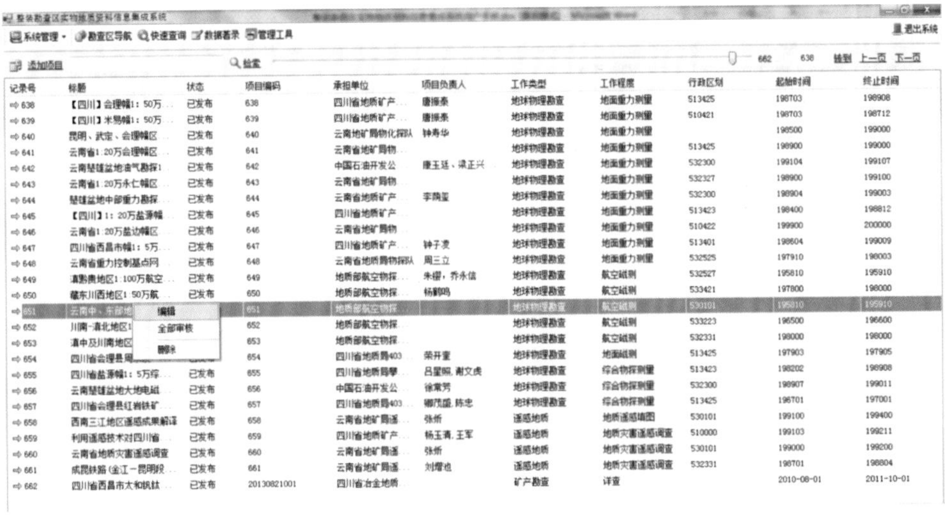

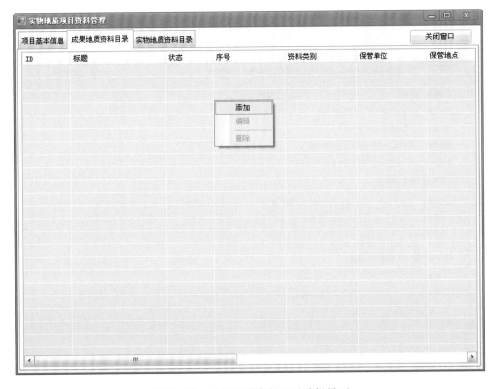

图 3 - 20 编辑项目基本信息

（二）采集成果地质资料信息

成果地质资料目录信息采集选择"成果地质资料目录"标签（图 3 - 21），后续操作步骤同添加"项目基本信息"。

图 3 - 21 成果地质资料目录编辑界面

（三）采集实物地质资料信息

单击"实物地质资料目录"标签（图3-22），在列表中点击鼠标右键，选择添加。

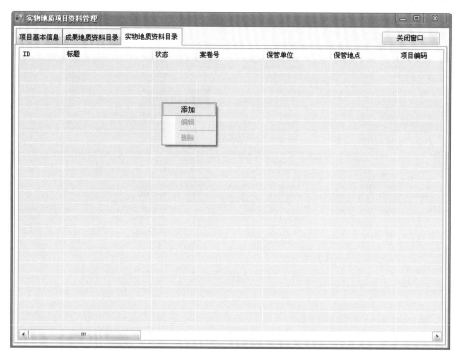

图3-22　添加实物地质资料目录

录入项目的"实物地质资料目录"各项信息（图3-23），单击"保存"按钮。

图3-23　采集实物地质资料目录信息

1. 采集钻孔与岩心信息

单击"钻孔信息"标签，录入钻孔信息各项信息（图3-24），单击"保存"按钮。

图3-24 钻孔信息管理界面

在"岩心信息"列表中单击鼠标右键，提供信息添加、编辑、删除功能（图3-25）。添加岩心信息需注意分层号、起始深度、终止深度之间的正确对应（图3-26）。

添加钻孔回次信息，在钻孔"回次信息"列表中单击鼠标右键，提供信息添加、编辑、删除功能（图3-27）。

添加钻孔回次文字信息的同时可上传或删除钻孔影像信息，需注意起始深度、终止深度与影像信息的准确对应，单击"保存"按钮退出（图3-28）。

通过"岩心影像效果图"可以浏览添加的岩心信息，并可以选定范围导出岩心图片（图3-29）。

2. 采集标本信息

选择"标本信息"标签，在列表中单击鼠标右键，可进行标本信息的添加、编辑、删除（图3-30）。

添加标本文字信息的同时可上传或删除标本影像信息，单击"保存"按钮（图3-31）。

在"更多标本影像"中，单击鼠标右键可上传与标本相关的更多影像，同时在已有内容上单击鼠标右键，可进行编辑、删除、下载（图3-32）。

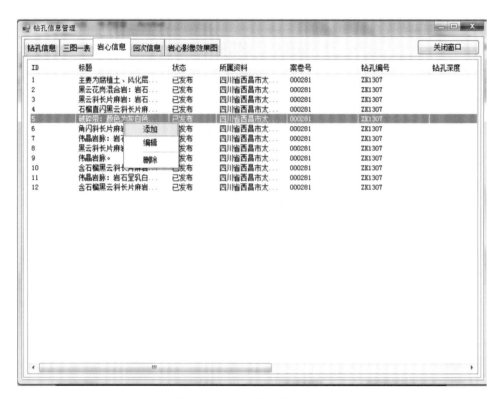

图 3 – 25　岩心信息编辑界面

图 3 – 26　添加岩心信息窗口

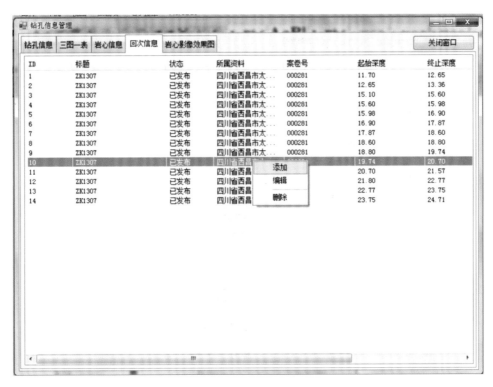

图 3 - 27　回次信息编辑界面

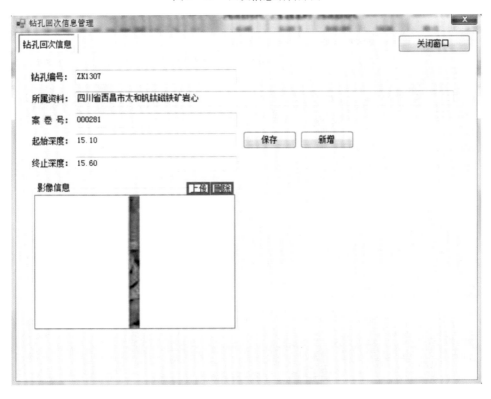

图 3 - 28　编辑钻孔回次文字信息

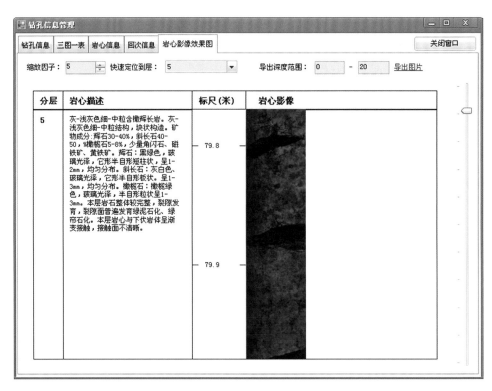

图 3 - 29　岩心影像效果图

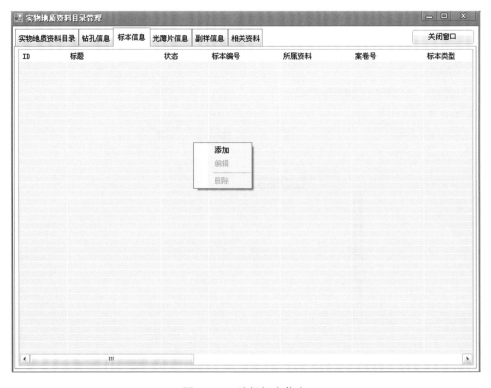

图 3 - 30　编辑标本信息

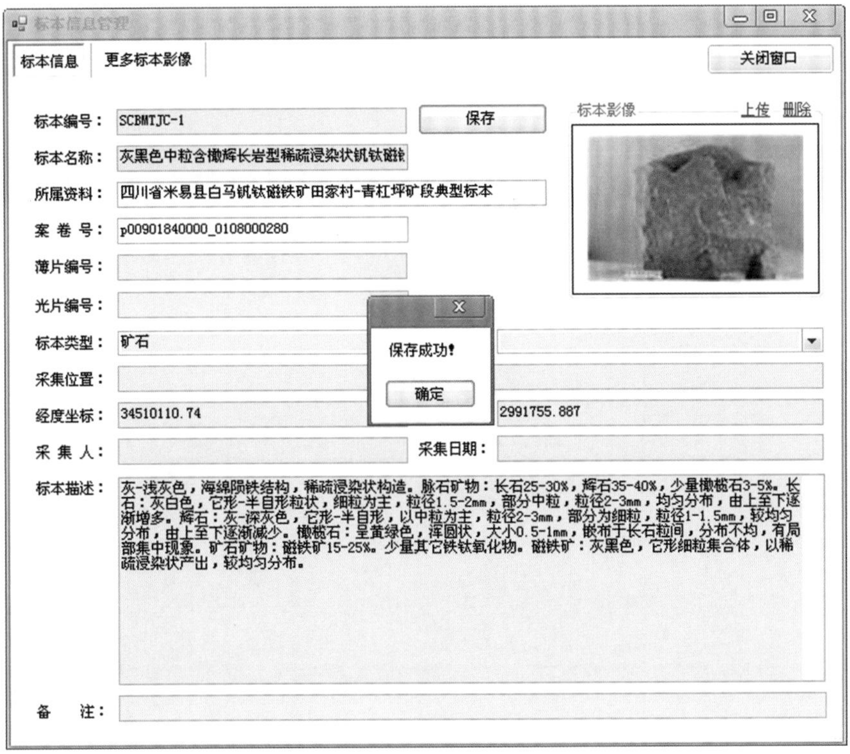

图 3－31　编辑标本信息

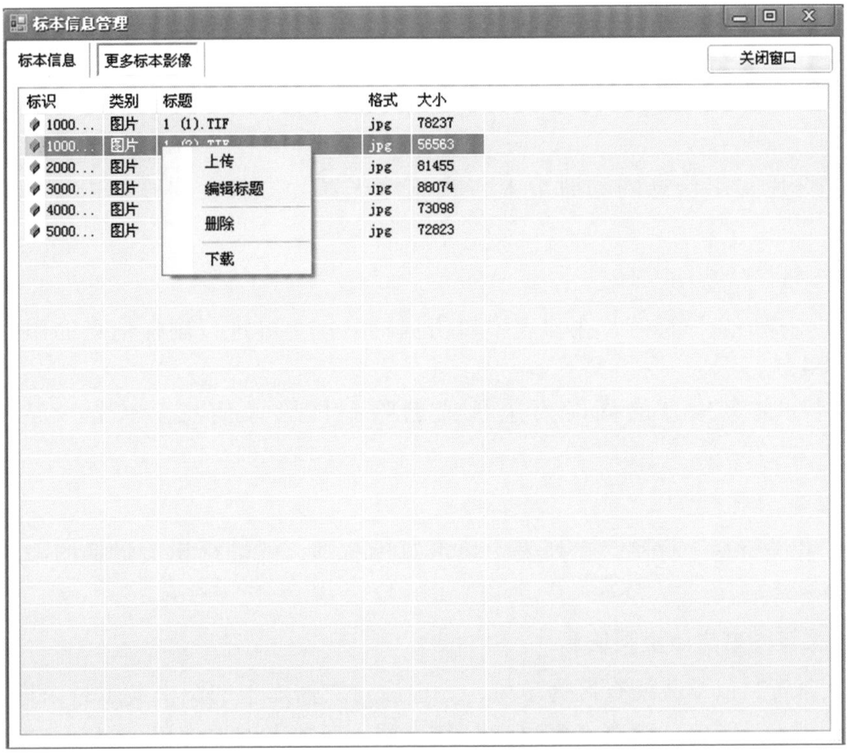

图 3－32　编辑更多标本影像

3. 采集光薄片信息

选择"光薄片信息"标签，在列表中单击鼠标右键，可进行光薄片信息的添加、编辑、删除（图3-33）。

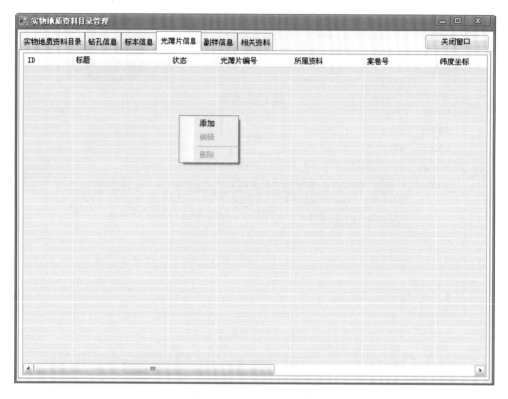

图3-33 添加光薄片信息

添加光薄片文字信息的同时可上传或删除光薄片影像信息，单击"保存"按钮（图3-34）。

4. 采集副样信息

选择"副样信息"标签，在列表中单击鼠标右键，可进行副样信息的添加、编辑、删除（图3-35）。

添加副样文字信息的同时可上传或删除副样影像信息，单击"保存"按钮（图3-36）。

5. 采集相关资料信息

选择"相关资料"标签，在列表中单击鼠标右键，可进行相关资料的添加、编辑、删除（图3-37）。

（四）采集图书文献资料信息

图书文献资料以整装勘查区为单位，通过后台数据库中的图书文献目录进行数据采集。选择管理工具中的"图书文献目录"数据库，在数据列表中单击鼠标右键，可进行信息的添加、编辑、删除，以及文献全文的上传或删除。

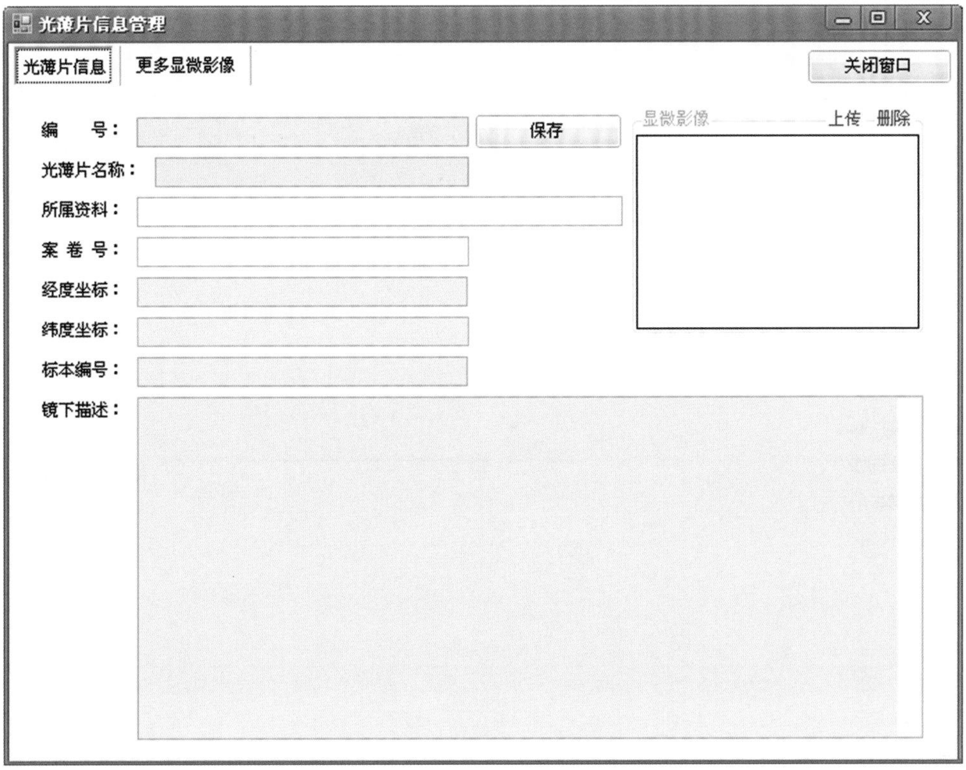

图 3 – 34　编辑光薄片信息

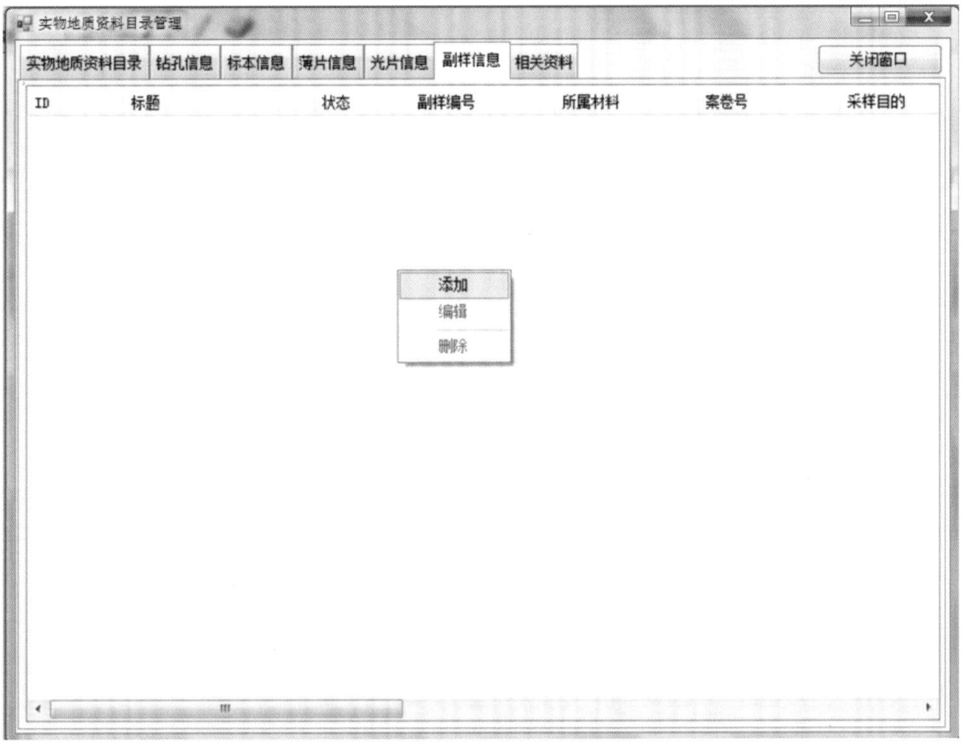

图 3 – 35　添加副样信息

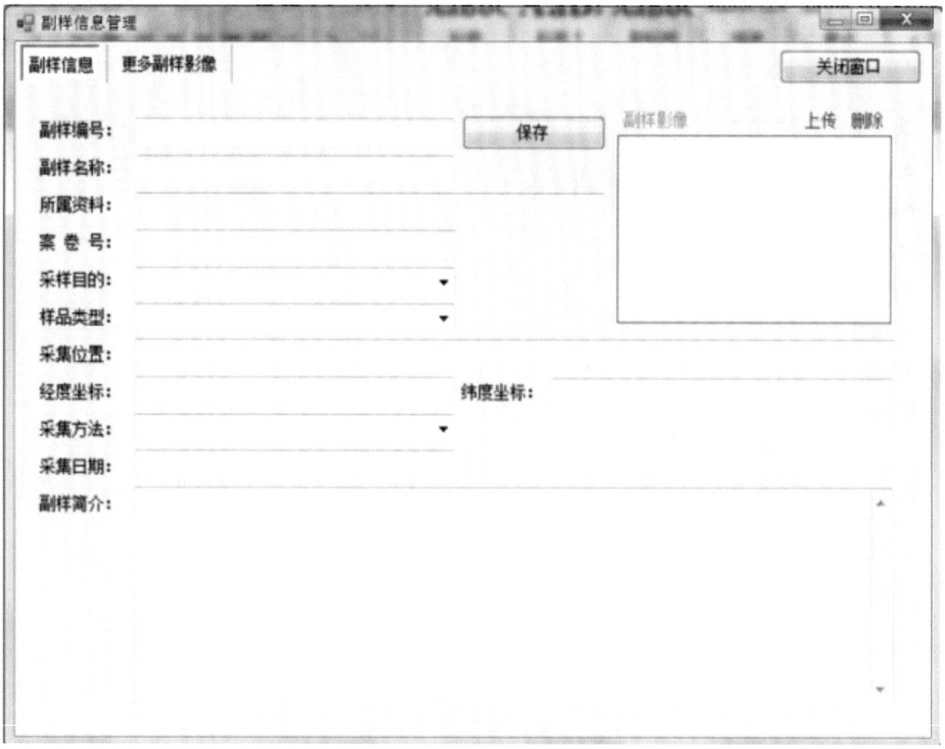

图 3－36　编辑副样信息

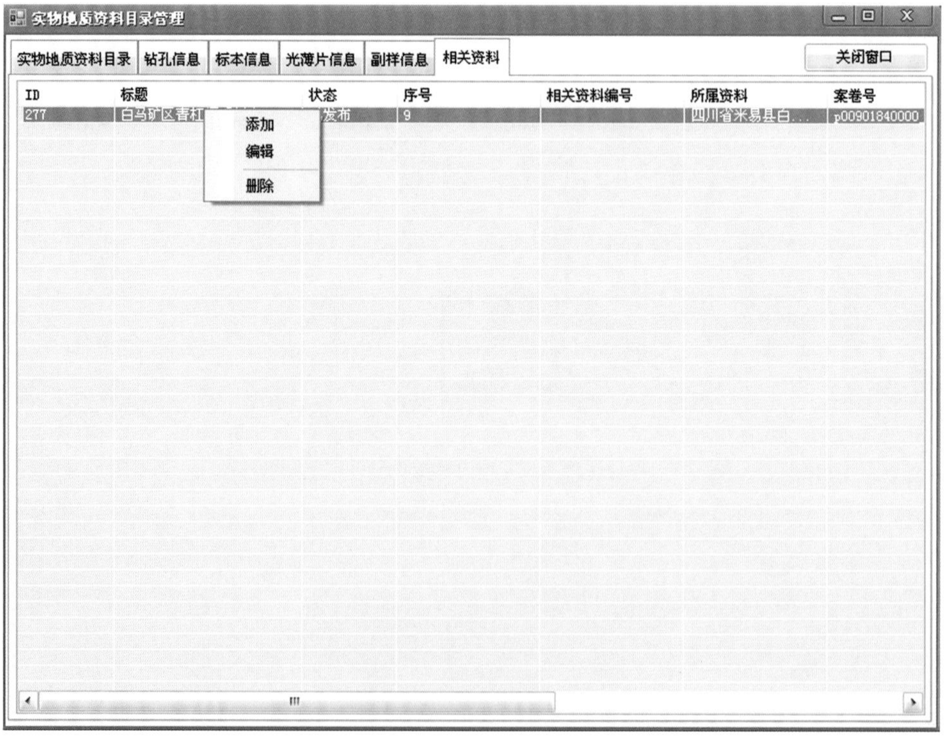

图 3－37　编辑相关资料

第四章 整装勘查区实物地质资料信息集成与应用示范

第一节 四川省攀西整装勘查区实物地质资料信息集成与应用示范

一、以往工作程度及整装勘查工作部署

（一）勘查区概况

四川攀西整装勘查区位于四川省西南部的攀枝花市及凉山州西南部，隶属攀枝花市东区、西区、仁和区、米易县和凉山彝族自治州西昌市、德昌县、会理县所辖。

四川攀西地区钒钛磁铁矿整装勘查区位于四川省西南部，东经 $101°30'00''\sim 102°23'15''$，北纬 $26°21'15''\sim 28°04'00''$，包含太和（太和 1 和太和 2）、白马、红格和攀枝花 4 个勘查区，总面积 $2107km^2$。同时，包括攀枝花和白马共两个国家规划矿区。其中太和 1 和太和 2 勘查区及白马勘查区北部位于凉山州行政区内，红格和攀枝花勘查区及白马勘查区南部行政区属攀枝花市管辖。

（二）以往工作程度

1. 区域地质调查与研究工作

（1）区调

攀西地区于 20 世纪 60 年代完成 1:100 万区调；80 年代中期完成全区 1:20 万区域地质矿产调查。于 80 年代初开始，在重要成矿带、重点地区开展 1:5 万区调，目前全区已完成 33 幅，其中，攀枝花钒钛磁铁矿分布区完成了 17 幅 1:5 万区域地质调查，整装勘查区所涉及的图幅共 25 幅（图 4-1）。

已完成 1:5 万区调包括 1:5 万区域地质矿产调查、1:5 万区域地质调查和 1:5 万城市区域地质调查 3 种类型（表 4-1）。

表 4-1 攀西地区区域地质调查工作一览表

区域地质调查类型	1:20 万区域地质调查图幅	1:5 万			含钒钛磁铁矿的构造岩浆岩带完成的 1:5 万区调图幅
		区域地质调查	区域地质矿产调查	城市区域地质调查	
已完成的图幅名称	盐源、西昌、盐边、米易、永仁、会理	德昌、树河、宽裕、同德、猛粮坝、米易、撒莲、会理、关河、河口、山王庙、巧家、堵格、鲁吉	平川、田湾、挂榜、丙底、金阳、摩挲营、益门、会东、小街、大村、大火地、新坪、普威、永兴、盐边、麻陇	锅盖梁、西昌、河西、新村、攀枝花市、金江、仁和街、拉蚱	德昌、树河、同德、猛粮坝、撒莲、会理、关河、平川、田湾、攀枝花市、金江、挂榜、米易、河口

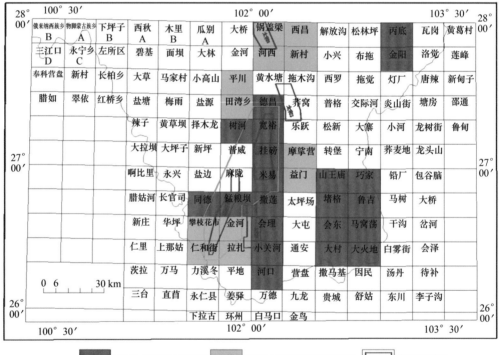

图 4-1 攀西地区区域地质调查工作程度图

（2）基础地质研究

在地质科学研究方面，除《四川省区域地质志》、《四川省区域矿产总结》、《四川省岩石地层》等全省的研究成果外，还完成了一系列地质专著和专题报告。

20 世纪 50 年代中期至 70 年代，伴随区域地质矿产调查工作的进行，科学研究工作也逐渐开展。80 年代中期采用板块构造理论方法进行了初步研究。之后，四川省地质矿产局在《四川省区域地质志》、区域矿产总结工作中通过系统研究对比，建立了地层序列；在区内开展了对攀西裂谷带比较深入的研究，出版了一系列专著，如《康滇构造与裂谷作用》、《龙门山—锦屏山陆内造山带》、《攀西古裂谷的形成与演化》、《攀枝花地质》等，对本区的认识进一步深化。

攀西地区各有关地质队，以及全国的科研院所（校）在成矿规律与成矿预测等方面做了大量研究工作，特别是对区内几大含矿岩体进行了深入的研究，如中国科学院贵阳地球化学研究所应用火成堆积旋回概念研究了红格岩体岩相韵律旋回，四川省地质矿产局周信国、骆跃南等应用板块观点阐述了攀西地区地质演化及控矿特征，由地质队、科研院所、学校合作编制的《攀枝花—西昌地区钒钛磁铁矿成矿规律与预测研究报告》等。

近3年开展了四川攀枝花式铁矿成矿地球动力学背景、过程、定量评价及岩浆成矿系统的复杂性研究和四川攀枝花深部找矿疑难问题研究等项目。

2. 区域物探、化探、遥感、自然重砂调查

（1）物探

A. 重力调查

攀枝花—西昌地区6个1:20万图幅区域重力调查程度见图4-2、表4-2。工作标准为DZ/T0082-93区域重力调查规范。此外，四川物探队于1997年开展了重力异常研究，提交了四川省攀枝花—马尔康地区1:50万区域重力编图和重力异常研究报告（1:50万）。由云南省地质矿产局承担的攀枝花市、东川市幅1:25万区域重力调查，由四川省地质矿产局物探队承担的盐源县、西昌市幅1:25万区域重力调查，已于2014年完成。

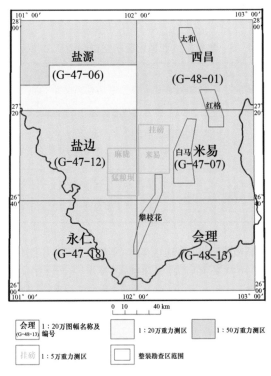

图4-2 区域重力调查工作程度图

表 4-2　区域重力调查工作程度

序号	图幅号及名称	工作年代	工作比例尺	工作方法和仪器	面积 km²	质量评价（精度）/(10⁻⁵m·s⁻²)	资料来源
1	G-47-（6）盐源	1984	1:20 万	地面重力测量，不规则网。国产ZSM-Ⅲ、Ⅳ、Ⅴ型、ZSM-400型重力仪	3190	±1.167	四川地勘局物探队
2	G-47-（6）盐源	1985~1986	1:50 万		4099	±1.167	
3	G-47-（12）盐边	1988	1:50 万		7332	±1.167	
4	G-47-（18）永仁						云南物探队
5	G-48-（1）西昌	1987	1:50 万		7289	±1.167	四川地勘局物探队
6	G-48-（7）米易	1986	1:50 万		7332		
7	G-48-（13）会理	1987	1:50 万		7374		

注：质量评价（精度）为布格异常总精度。当时"规范"要求为 ±2.0×10⁻⁵m/s²。

B. 磁测调查

1）航空磁测调查：攀枝花—西昌地区航空磁测调查以 1:20 万比例尺为主，工作程度较低。航空磁测调查工作均由原地矿部航空物探总队完成并存放全部资料。航磁工作程度见图 4-3、表 4-3。

表 4-3　攀枝花—西昌地区航空磁测调查工作程度

序号	资料名称	工作年代	工作比例尺	工作方法和仪器	质量评价 nT	资料来源
1	川南滇北地区航空磁测结果报告	1965~1966	1:20 万，局部 1:10 万	伊尔-12、立-2型航空质子磁力仪	<±3	中国国土资源航空物探遥感中心
2	川西藏东地区航空磁测概查报告	1978~1981	1:100 万	安-12302型航空质子磁力仪	±4.8	中国国土资源航空物探遥感中心

2）地面磁测调查：攀枝花—西昌地区 1:2.5 万~1:20 万比例尺地面磁测调查程度见表 4-4。磁测范围内针对矿产地和成矿有利地段还进行过 1:1000~1:10000 比例尺详查工作。地面磁测工作主要由四川省地勘局物探队完成，并保存有全部资料。

（2）化探

区内以系统的第二代 1:20 万区域化探为主体，主要为 1:20 万水系沉积物测量成果，局部地段开展了 1:5 万化探工作，但都是以找矿目的而开展的，分析指标较少，且不系统（图 4-4）。

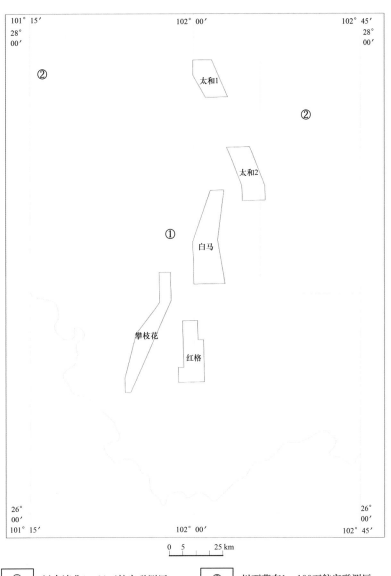

| ① | 川南滇北1：20万航空磁测区 | ② | 川西藏东1：100万航空磁测区 |

| | 整装勘查区范围 |

图4-3　整装勘查区航空磁测调查工作程度图

表4-4　攀枝花—西昌地区地面磁测（ΔZ）工作程度调查

序号	资料名称	资料性质	工作年代	比例尺	面积 km²	质量评价
1	四川省会理县力马河外围磁法、金属量测量综合普查	地磁	1958	1:2.5万	403	可靠
2	四川会东M114航磁异常地面物（化）探工作报告	地磁	1977	1:2.5万	216	可靠

序号	资料名称	资料性质	工作年代	比例尺	面积 km²	质量评价
3	四川省米易县91-2、92-1航磁异常地面磁测普查评价报告	地磁	1977	1:2.5万	89	尚可
4	四川省盐源矿山梁子地区物探化探工作结果报告	地磁	1965	1:2.5万	1000	可靠
7	1956年四川会理地区物化探工作报告	地磁	1956	1:5万	1278	尚可
8	四川省冕宁回龙至米易三堆子（牦牛山西坡）综合普查简报	地磁	1961	1:5万		参考
9	四川西昌德昌区至米易县湾丘基性超基性岩普查简报	地磁	1960	1:5万	865	参考
10	1957年四川会理地区物探工作报告	地磁	1957	1:10万	360	尚可
11	四川会理地区物探结果报告	地磁	1955	1:10万	923	参考
12	四川会理普威磁法普查报告	地磁	1956	1:10万	1694	尚可
13	1956年四川会理地区物化探工作报告	地磁	1956	1:10万	7330	尚可
14	四川西昌专区第七、八、十七、四十工区物化探普查工作报告	地磁	1958	1:10万	786	参考
15	四川会理地区1957年物探工作结果报告	地磁	1957	1:10万	1343	尚可
16	G-48-Ⅶ（米易幅）1:20万地面磁测区域测量总结报告	地磁	1964	1:20万	3500	尚可
17	四川盐源地区物化探测量工作结果简报	地磁	1960	1:20万	900	尚可

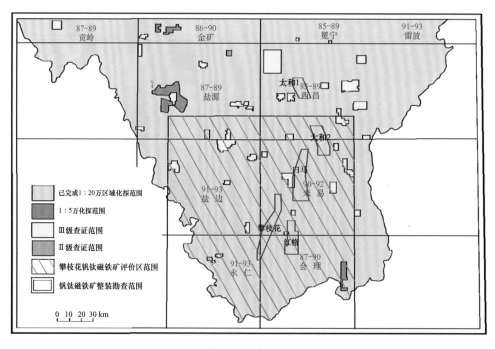

图4-4 攀西地区化探工作程度图

在北纬28°以南，四川境内共涉及8个1:20万图幅，总面积约 $10 \times 10^4 km^2$。区内组合分析样品9666件，分析数据376974个，共圈出各类化探组合异常（不含永宁、昭通、渡口3幅）427个。扫面工作阶段多是以金、银、铅锌、铜、锰、钡矿为主进行异常查证。

（3）遥感

预测区内有全覆盖的 LandSat-7 号卫星数据，并在西昌及攀枝花等地有小范围覆盖城区的 SPOT-5 数据；航空摄影数据则有20世纪50~60年代覆盖预测区的 15cm×15cm 像幅黑白航片（比例尺约为1:5万~1:10万）及80年代在西昌安宁河流域进行的彩红外航空摄影（比例尺为1:6万~1:7万），数据均存放于国家测绘局，本次未能收集到。

区内进行了不同比例尺、不同程度的国土、矿产资源、森林、水资源、地质灾害、生态环境遥感综合调查与评价，以及遥感技术的应用研究，取得了许多成果和经验。90年代以来进行的1:5万大比例尺矿产地质调查及区域地质调查都采用了遥感技术，但更多的是作为辅助手段，没有形成单独的成果资料。1993年由四川省地质矿产局科研所与冶金西南地质矿产局遥感站完成了《康滇地区（四川段）铜矿遥感地质综合调查报告》，1994年由四川省地质矿产局科研所与四川省地质矿产局物探队完成了"四川省盐源幅、西昌幅区域化探异常遥感评价与筛选"项目，1995年由四川省遥感中心与四川省气象局卫星遥感中心合作完成了"建立环境灾情遥感快速反应系统研究"，2002年四川省地质调查院完成了1:25万"长江上游安宁河流域生态环境地质调查"。2005年四川省国土资源厅下达了"'3S'技术在四川省矿山生态环境监测中的应用研究"项目，也利用了遥感技术。遥感影像和工作程度见图4-5。

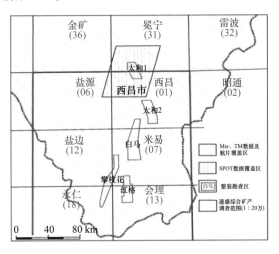

图4-5　攀西地区遥感工作程度图

迄今区内在遥感资料的开发和信息提取、分析等方面的工作较少，技术方法有待进一步创新；遥感地质调查工作中对重要成矿区域研究深度不够。

（4）自然重砂

A. 自然重砂测量工作现状

四川全省1:20万自然重砂测量始于1958年，与1:20万区域地质调查同步进行，

1986年完成全省1:20万区域自然重砂测量。"六五"、"七五"期间（1980～1992年），在龙门山—攀西地区主要成矿带开展了1:5万区域地质矿产调查，同时进行了部分地区1:5万自然重砂测量（表4-5；图4-6）。

在20世纪90年代初开展的四川省区域矿产总结中，对全省1:20万区域自然重砂测量进行了初步总结。

表4-5　四川省自然重砂工作程度（包括异常查证）一览表

序号	图幅或项目名称	比例尺	完成年限	完成单位	工作面积 km²	重砂样品数件	圈定重砂异常数/个 单矿物异常	综合异常	检查异常数个	发现矿产地个	建库情况
1	西昌幅 G-48-I	1:20万	1965	四川地质局一区测队	7289		11			4	已建库
2	米易幅 G-48-VII	1:20万	1966	四川地质局一区测队	7200		17				已建库
3	会理幅 G-48-XIII	1:20万	1966	四川地质局一区测队	4545		29				已建库
4	冕宁幅 H-48-XXXI	1:20万	1967	四川地质局一区测队	7245	8141	6				已建库
5	盐源幅 G-47-VI	1:20万	1971	四川地质局一区测队	7285		4				已建库
6	盐边幅 G-47-XII	1:20万	1972	四川省地质局一区测队	5530	2319	20				已建库
7	小街 G-48-50-B	1:5万	1984	四川地质矿产局攀西队	459	751	16		1	1	未建库
8	摩挲营 G-48-25-D	1:5万	1986	四川地质矿产局攀西队	845	2426	70	32	13	4	未建库
9	益门 G-48-37-B	1:5万	1986	四川地质矿产局攀西队							未建库
10	锅盖梁 G-48-1-A	1:5万	1990	四川地质矿产局攀西地质队	542	1319	24	18	8		未建库
11	河西 G-48-1-C	1:5万	1990	四川地质矿产局攀西队							未建库
12	平川 G-47-24-B	1:5万	1990	四川地质矿产局攀西队	911	4033	39		20	7	未建库
13	田湾 G-47-24-D	1:5万	1990	四川地质矿产局攀西队							未建库
14	挂榜 G-47-25-C	1:5万	1991	四川地质矿产局攀西队	91	314	10		2		未建库

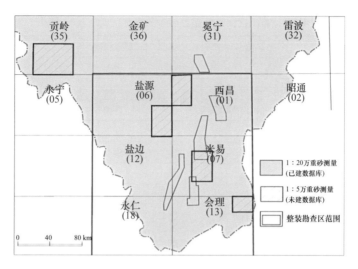

图 4 - 6　攀西地区自然重砂工作程度图

B. 自然重砂数据库建设工作现状

四川省 1:20 万自然重砂数据库于 2002~2004 年由四川省地质调查院按照全国统一标准建设完成，现攀西地区的 6 个图幅已建立 1:20 万自然重砂数据库。

数据库提供 1:20 万区域地质调查形成的自然重砂数据信息，包括图幅基本信息数据文件、样品基本信息数据文件、重砂鉴定结果数据文件、重砂鉴定结果不定量值的表示方法和量化值的数据文件。

3. 矿产勘查与研究工作

（1）矿产资源调查评价

A. 矿产资源远景调查

截至 2013 年攀西钒钛磁铁矿整装勘查区共部署安排了四川省攀西地区红格外围钒钛磁铁矿调查评价、四川攀西白马－攀枝花地区钒钛磁铁矿调查评价和攀西太和整装勘查区钒钛磁铁矿调查评价共 3 个矿产资源调查评价工作项目，全区未开展 1:5 万矿产远景调查工作。

B. 矿产资源评价

攀西地区钒钛磁铁矿资源分布集中，蕴藏量丰富。攀枝花式钒钛磁铁矿已发现的矿区（点）共 31 处（表 4 - 6；图 4 - 7），其中，超大型 6 处，大型 6 处，中型 12 处，小型 1 处，矿点 6 处。至 2013 年底，达勘探的 5 处，详查的 6 处，普查的 15 处，预查的 7 处。钒钛磁铁矿不仅是一种重要的铁矿资源，而且含有多种可供利用的有益组分。现已查明在矿石中，有铁、钛、钒、铬、钴、镍、铜、锰、钪、镓、硫、硒、碲和铂族元素等 14 种元素能综合利用。它们在矿石中的赋存状态已基本查明。除伴生有上述多种有益组分外，在有些矿区内，如红格、白草等地还共生有与碱性伟晶岩有关的铌、钽、锆、稀土矿床，已查明的储量也可供矿山设计综合开发。

表 4-6　攀西钒钛磁铁矿整装勘查区矿（床）点一览表

序号	矿区名称	矿段名称	规模	勘查程度	成矿特征
1	峰子岩		中型	普查	基性岩浆分异层状矿
2	太和矿区	太和矿田北矿段	超大型	勘探	基性岩浆分异层状矿
		太和矿田南矿段		普查	基性—超基性岩浆分异层状矿
3	大象坪		中型	普查	基性岩浆分异层状矿
4	铜厂坪		矿点	预查	基性岩浆分异层状矿
5	德昌巴洞矿区		中型	详查	基性岩浆分异层状矿
6	白马矿区	夏家坪矿段	超大型	详查	基性岩浆分异层矿
		及及坪矿段		勘探	
		田家村矿段		勘探	
		青杠坪矿段		详查	
7	棕树湾		大型	普查	基性岩浆分异层状矿
8	马槟榔		中型	普查	基性岩浆分异层矿
9	新街		中型	普查	基性岩浆分异层矿
10	麻陇		矿点	预查	基性岩浆分异层状矿
11	黑谷田		中型	普查	基性岩浆分异层状矿
12	务本		超大型	普查	基性岩浆分异层状矿
13	攀枝花矿区	朱家包包矿段	超大型	勘探	基性岩浆分异层状矿
		兰家火山矿段		勘探	
		尖包包矿段		勘探	
		倒马坎矿段		勘探	
		田公山矿段		普查	
14	飞机湾		中型	普查	基性岩浆分异层状矿
15	纳拉箐		大型	普查	基性岩浆分异层状矿
16	萝卜地		矿点	预查	基性岩浆分异层状矿
17	红格矿田安宁村矿区		超大型	详查	基性—超基性岩浆分异层状矿
18	一碗水		中型	普查	基性岩浆分异层状矿
19	红格矿田白草矿区		大型	详查	基性—超基性岩浆分异层状矿
20	红格矿田马鞍山矿区		中型	详查	基性—超基性岩浆分异层状矿
21	红格矿田中梁子矿区		中型	普查	基性—超基性岩浆分异层状矿
22	红格矿区	红格矿田北矿段	超大型	勘探	基性—超基性岩浆分异层状矿
		红格矿田南矿区马松林矿段		勘探	
		红格矿田南矿区铜山矿段		勘探	
		红格矿田南矿区路枯矿段		勘探	

序号	矿区名称	矿段名称	规模	勘查程度	成矿特征
23	彭家梁子		矿点	预查	基性岩浆分异层状矿
24	得胜村东		矿点	预查	基性岩浆分异层状矿
25	红格矿田 湾子田矿区		中型	普查	基性—超基性岩浆分异层状矿
26	红格矿田 中干沟矿区		大型	勘探	基性—超基性岩浆分异层状矿
27	红格矿田 会理秀水河矿区		大型	详查	基性岩浆分异层状矿
28	白沙坡		大型	普查	基性岩浆分异层状矿
29	新桥		矿点	预查	基性岩浆分异层状矿
30	普隆		中型	预查	基性岩浆分异层状矿
31	半山		小型	预查	基性岩浆分异层状矿

（2）矿产勘查

20世纪50年代以来，先后有四川省地质矿产局攀西地质队、106队、108队、403队、物探队、404队、区测队，四川冶金地勘局以及00939部队、00281部队等，先后开展了矿产地质路线调查，矿点检查、普查，1:100万区域地质矿产调查，1:20万区域地质矿产调查，1:20万区域化探，水文普查，铀矿普查等，发现了一批大中小型矿床，其中既有黑色金属、贵金属、有色金属矿产，也有能源矿产和其他非金属矿产。如攀枝花、红格、白马、太和钒钛磁铁矿，会理拉拉铜铁矿，天宝山铅锌矿，盐源平川铁矿，大陆乡稀土矿，西范坪斑岩铜矿等。主要矿种有Cu、Pb、Zn、Sn、Au、Ag、Mo、Ni、Fe、Mn、Sr、重稀土、煤、石膏、重晶石、滑石、蛇纹石、磷块岩、石灰石等。

A. 钒钛磁铁矿资源勘查概况

攀西地区钒钛磁铁矿资源分布集中，蕴藏量丰富。

攀西钒钛磁铁矿整装勘查区在整装勘查前已发现的矿区（点）共26处，达勘探的5处，详查的5处，普查的10处，预查的6处。

钒钛磁铁矿不仅是一种重要的铁矿资源，而且含有多种可供利用的有益组分。现已查明在矿石中，有铁、钛、钒、铬、钴、镍、铜、锰、钪、镓、硫、硒、碲和铂族元素等14种元素能综合利用，它们在矿石中的赋存状态已基本查明。除伴生有上述多种有益组分外，在有些矿区内，如红格、白草等地还共生有与碱性伟晶岩有关的铌、钽、锆、稀土矿床，已查明的储量也可供矿山设计综合开发。

B. 其他矿产勘查概况

攀西地区除蕴藏量大的钒钛磁铁矿和伴生共生矿外，还有富铁、铜、锡、镍、铅、锌、磷、蓝石棉、金、煤等矿产产地，其探明的储量在我国均占有一定地位。区内已发现矿产计有55种，已探明储量的有44种，找到矿产地1600多处，其中已证实为大型的37处、中型60处。从整个川滇南北向构造带上看，在北段有驰名中外的纤长质优的巨型石棉矿床；南段有我国著名的泸沽富铁矿，盐边冷水箐、会理力马河铜镍矿，会理拉拉铜

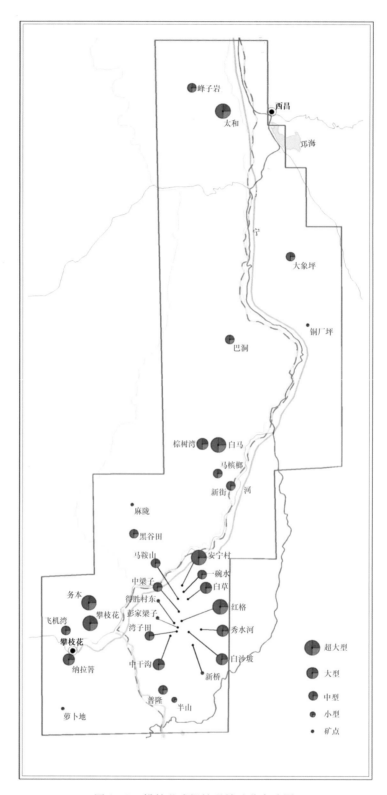

图4-7 攀枝花式钒钛磁铁矿分布略图

矿，天宝山－大梁子铅锌矿，以及东川式层状铜矿等有色金属矿产地。

攀西及相邻地区面积有 $7 \times 10^4 km^2$，其矿产资源丰富，成矿地质条件相当优越。因此，完全可以说该区是金属矿种比较齐全、储量远景十分可观的一个名符其实的"聚宝盆"。它不仅是受国内外地质同仁关注的构造、岩浆与沉积作用多期交替成矿的典型成矿带，而且也是我国为数不多的主要矿产区之一。

（三）整装勘查工作部署与进展

1. 钒钛磁铁矿整装勘查部署与工作进展

（1）总体工作部署

四川省国土资源厅积极响应找矿突破战略行动，于 2010 年制定了《四川省铁矿地质勘查专项规划》，对攀西钒钛磁钛磁铁矿整装勘查进行了总体部署。在攀枝花、红格、白马及太和四大钒钛磁铁矿区及外围开展了整装勘查，筛选 21 个勘查区块按勘探、详查、普查、预查顺序开展勘查工作。本着统一部署找大矿、实现找矿突破的思路，结合矿区建设和发展需要，优先安排大型矿山和新建矿山的资源勘查。共设置勘查项目 21 个，包括勘探项目 1 个、详查项目 4 个、普查项目 9 个、预查项目 7 个。

勘查工作分为 3 个阶段：规划期（2010～2015 年），全面安排和启动全部 21 个勘查项目；展望前期（2016～2020 年），初步安排前期续作的 3 个详查项目，其他勘查项目视前期勘查工作进展及需要适时设置；展望后期（2021～2030 年），视前期勘查工作进展及需要部署勘查项目。

计划主要实物工作量：共安排钻探及三分量测井 2854000m（规划期 846700m，展望前期 657300m，展望后期 1350000m），坑探 800m（规划期 200m，展望后期 600m），槽探 473000m³（规划期 167000m³，展望前期 86000m³，展望后期 220000m³），1:1 万高精度磁测 438km²。

（2）工作进展

攀西钒钛磁铁矿整装勘查得到了各级领导的高度重视，从组织机构、目标任务、项目设置、勘查质量、外部环境等各方面进行了精心的准备和部署。2009 年以来，在四大勘查区内共开展了 19 个勘查项目（表 4－7；图 4－8），其中，中央地勘基金项目 3 个，省基金项目 13 个，社会资金项目 3 个。至 2013 年底，共投入经费 92270 万元（其中，中央地勘基金 7840 万元，省地勘基金 58884 万元，社会资金 25546 万元），钻探 377353m，取得岩心约 $31 \times 10^4 m$（近 6 万箱）。

表 4－7 攀西整装勘查区钒钛磁铁矿勘查项目一览表

序号	项目名称	资金来源
1	四川省西昌市响水乡蜂子岩钒钛磁铁矿普查	省基金
2	四川省西昌市太和钒钛磁铁矿区深部及外围普查	中央和省级
3	四川省德昌县大象坪钒钛磁铁矿普查	省基金
4	四川省德昌县铜厂坪钒钛磁铁矿普查	省基金
5	四川省米易县棕树湾钒钛磁铁矿普查	省基金
6	四川省米易县白马钒钛磁铁矿区及及坪－夏家坪矿段深部及外围普查	中央和省级
7	四川省米易县白马钒钛磁铁矿区田家村－青杠坪矿段深部及外围普查	中央和省级
8	四川省米易县白马钒钛磁铁矿区马槟榔矿段普查	省基金
9	四川省米易县黑谷田钒钛磁铁矿普查	省基金
10	四川省攀枝花市仁和区务本营盘山钒钛磁铁矿普查	省基金

序号	项目名称	资金来源
11	四川省攀枝花市西区新庄飞机湾钒钛磁铁矿普查	省基金
12	四川省攀枝花市攀钢兰尖—朱家包包钒钛磁铁矿延伸勘探	社会资金
13	四川省攀枝花仁和区纳拉箐钒钛磁铁矿普查	省基金
14	四川省米易县潘家田铁矿延伸勘探	社会资金
15	四川省盐边县、米易县、会理县一碗水钒钛磁铁矿预查	省基金
16	四川省盐边县彭家梁子钒钛磁铁矿预查	省基金
17	四川省盐边县、会理县红格钒钛磁铁矿区深部及外围普查	省基金
18	四川省盐边县新九大老包铁矿延伸勘探	社会资金
19	四川省盐边县新九乡白沙坡–新桥钒钛磁铁矿普查	省基金

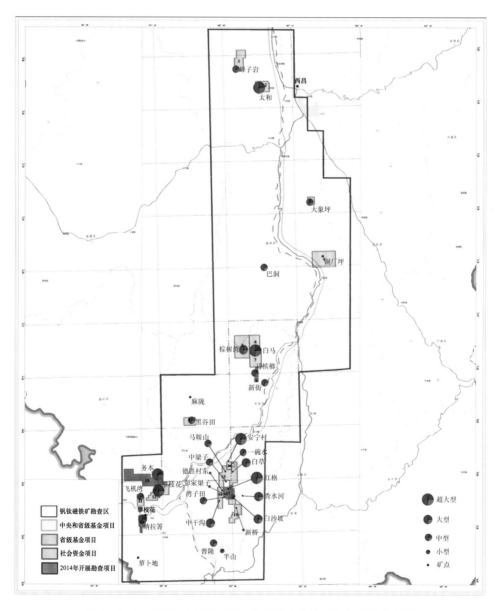

图 4 – 8 攀西整装勘查区钒钛磁铁矿勘查总体部署与项目分布图

攀西钒钛磁铁矿整装勘查已经取得重大突破：新发现大中型矿产地 7 处，其中，超大型 1 处，大型 1 处，中型 5 处。

2. 基础地质调查与科研工作部署

中国地质调查局对整装勘查工作给予了大力支持，在整装勘查区共安排了 10 个基础地质调查与科研项目（表 4-8；图 4-9）。

表 4-8　攀西整装勘查区基础地质调查与科研项目一览表

序号	项目名称	工作年限
1	四川省攀西地区红格外围钒钛磁铁矿调查评价	2010~2012
2	四川攀西白马-攀枝花地区钒钛磁铁矿调查评价	2011~2013
3	攀西太和整装勘查区钒钛磁铁矿调查评价	2013~2015
4	四川攀枝花地区 1:5 万新坪、普威、永兴、盐边、麻陇（G47E006023、G47E006024、G47E007022、G47E007023、G47E007024）5 幅区域地质矿产调查	2012~2014
5	攀枝花-安益地区 1:5 万航磁调查	2011~2015
6	攀枝花市、东川市幅 1:25 万区域重力调查	2012~2014
7	四川攀枝花钒钛磁铁矿整装勘查区 1:5 万重力调查	2013~2015
8	四川攀枝花式铁矿成矿地球动力学背景、过程、定量评价及岩浆成矿系统的复杂性研究	2012~2015
9	四川攀枝花深部找矿疑难问题研究	2012~2013
10	攀枝花矿集区重金属生态效应分析方法研究与示范	2013~2015

二、攀西整装勘查区实物地质资料信息集成

（一）攀西整装勘查区实物地质资料管理状况

四川攀西钒钛磁铁矿整装勘查工作 2009 年开始启动，2010 年全面展开。截至 2014 年，已对整装勘查区的 19 个项目进行了勘查，产生了钻探进尺 422737m 的岩矿心，还产生了大量副样及少量光（薄）片等实物。已实施的整装勘查项目见表 4-9。

表 4-9　四川攀西钒钛磁铁矿整装勘查区已实施项目一览表

序号	项目名称	资金来源
1	四川省西昌市响水乡蜂子岩钒钛磁铁矿普查	省基金
2	四川省西昌市太和钒钛磁铁矿区深部及外围普查	中央和省级
3	四川省德昌县大象坪钒钛磁铁矿普查	省基金
4	四川省德昌县铜厂坪钒钛磁铁矿普查	省基金
5	四川省米易县棕树湾钒钛磁铁矿普查	省基金
6	四川省米易县白马钒钛磁铁矿区及及坪-夏家坪矿段深部及外围普查	中央和省级
7	四川省米易县白马钒钛磁铁矿区田家村—青杠坪矿段深部及外围普查	中央和省级
8	四川省米易县白马钒钛磁铁矿区马槟榔矿段普查	省基金
9	四川省米易县黑谷田钒钛磁铁矿普查	省基金
10	四川省攀枝花市仁和区务本营盘山钒钛磁铁矿普查	省基金
11	四川省攀枝花市西区新庄飞机湾钒钛磁铁矿普查	省基金
12	四川省攀枝花仁和区纳拉箐钒钛磁铁矿普查	省基金
13	四川省盐边县、米易县、会理县一碗水钒钛磁铁矿预查	省基金
14	四川省盐边县彭家梁子钒钛磁铁矿预查	省基金

続表

序号	项目名称	资金来源
15	四川省盐边县、会理县红格钒钛磁铁矿区深部及外围普查	省基金
16	四川省盐边县新九乡白沙坡-新桥钒钛磁铁矿普查	省基金
17	四川省攀枝花市攀钢兰尖——朱家包包钒钛磁铁矿延伸勘探	社会资金
18	四川省米易县潘家田铁矿延伸勘探	社会资金
19	四川省盐边县新九大老包铁矿延伸勘探	社会资金

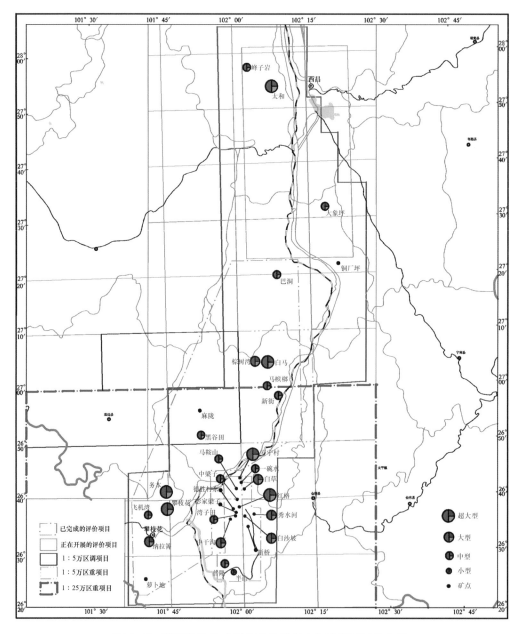

图4-9 攀西整装勘查区基础地质调查与科研项目分布图

攀西钒钛磁铁矿整装勘查由四川省地质矿产勘查开发局、四川省冶金地勘局、四川省煤田地质局所属 10 余家地勘单位承担，取得的岩矿心按照《实物地质地质资料管理办法》实行汇交管理。其中，汇交给国家实物地质资料馆 6 份，共计 7 个钻孔 6604.17m 进尺的岩矿心和 127 块标本（表 4-10）；汇交给四川省国土资源厅实物地质资料攀西分库 16 份、150 个钻孔、38247.42m 进尺、岩矿心 36791.82m、15681 件副样、156 片光片、283 片薄片（表 4-11）；其余保管在各勘查单位，包括钻探进尺 377885.41m 的岩矿心等。

表 4-10　国家实物地质资料馆接收保管攀西钒钛磁铁矿整装勘查岩矿心一览表

序号	项目名称	岩心		标本块	承担单位
		孔号	进尺/m		
1	四川省米易县白马钒钛磁铁矿区田家村—青杠坪矿段延伸详查	ZK40-5	898.73	29	四川省地质矿产勘查开发局 403 地质队
		ZK52-5	935.75		
2	四川省米易县白马钒钛磁铁矿区及及坪-夏家坪矿段延伸详查	ZK1503	911.8	40	四川省煤田地质局 137 地质队
3	四川省西昌市太和钒钛磁铁矿延伸详查	ZK1307	1262.01	41	四川省冶金地质勘查院
4	四川省攀枝花市纳拉箐钒钛磁铁矿普查	ZK1171	847.06	7	四川省地质矿产勘查开发局 108 地质队
5	四川省攀枝花钒钛磁铁矿兰尖—朱家包包矿区延伸勘探			10	四川省地质矿产勘查开发局 106 地质队
6	四川省红格钒钛磁铁矿区延伸详查	ZK1106	823.48		四川省地质矿产勘查开发局 106 地质队
		ZK10611	925.34		
合计		7	6604.17	127	

表 4-11　四川省国土资源厅实物地质资料攀西分库接收保管攀西钒钛磁铁矿整装勘查岩矿心一览表

序号	项目名称	岩心			副样件	光片片	薄片片
		进尺/m	岩矿心长 m	钻孔数 个			
1	四川省米易县白马钒钛磁铁矿区及及坪-夏家坪矿段深部及外围普查	3400.40	3209.52	16	3279	2	2
2	四川省米易县潘家田钒钛磁铁矿延伸勘探	811.92	786.58	1	148	17	
3	四川省盐边县、会理县红格钒钛磁铁矿区深部及外围普查	7039.78	6751.64	11	1254		
4	四川省攀枝花兰尖-朱家包包钒钛磁铁矿延伸勘探	1232.63	1171.55	2	508	4	11
5	四川省盐边县新九乡白沙坡-新桥钒钛磁铁矿普查	1023.65	1000.64	3	133	30	82

序号	项目名称	岩心			副样件	光片片	薄片片
		进尺/m	岩矿心长 m	钻孔数 个			
6	四川省盐边县—会理县一碗水钒钛磁铁矿普查	500.46	480.98	4	53	10	25
7	四川省米易县棕树湾钒钛磁铁矿普查	2280.68	2173.93	28	713		18
8	四川省米易县黑谷田钒钛磁铁矿普查	1733.11	1461.59	16	755		4
9	四川省米易县白马钒钛磁铁矿区田家村－青杠坪矿段深部及外围普查	4056.55	3978.83	22	323		
10	四川省攀枝花市纳拉箐钒钛磁铁矿普查	3225.94	3130.02	5	851		
11	四川省德昌县大象坪钒钛磁铁矿普查	850.13	811.02	5		6	30
12	四川省西昌市太和钒钛磁铁矿区深部及外围普查	5092.2	5054.4	12	5418	11	28
13	四川省盐边县彭家梁子钒钛磁铁矿预查	758	730.37	1	281	9	
14	四川省攀枝花市西区新庄飞机湾钒钛磁铁矿普查	1230.43	1226.94	7	316	23	28
15	四川省攀枝花市仁和区务本营盘山钒钛磁铁矿普查	4270.9	4155.61	12	1199	37	46
16	四川省西昌市响水乡蜂子岩钒钛磁铁矿普查	740.64	668.2	5	450	7	9
	合计	38247.42	36791.82	150	15681	156	283

（二）信息集成工作步骤与方法

集成工作主要流程是根据项目目标，确定项目集成内容。信息集成以项目信息为单元，以实物地质资料岩矿心、标本、副样信息为主体，同时加入相关的文献资料、成果资料、原始资料信息集成等，将相关信息目录集成数据，将数据集中导入数据包，达到地质档案简便、快捷查询的目标。

具体操作如下：

第一步：资料收集。

全面收集整理四川省攀西整装勘查区已经完成和正在实施的项目信息以及实物地质资料、成果地质资料和文献资料等信息，为信息集成提供基础。

项目信息和成果地质资料以全国地质资料馆和省馆馆藏资源为主，图书文献资料以地质图书馆馆藏资源为主，在此基础上，补充地勘单位的成果资料和图书文献资料。实物地质资料来自两个方面：一是国家实物地质资料馆保管的岩心标本及扫描图像等信息；二是对保管在四川省地质矿产勘查开发局106队、403队等各地勘单位的实物地质资料进行清查登记，在此基础上收集整理岩心、样品、标本、光薄片等实物地质资料信息。

第二步：数据整理、采集。

按照《整装勘查区实物地质资料信息集成技术方法》进行信息整理，包括攀西整装勘查区项目基本信息、实物地质资料信息、成果地质资料信息、图书文献资料信息。

数据采集内容根据时间节点可分为两个阶段。2011年（找矿突破战略行动实施）之前的项目基本信息由国土资源实物地质资料中心收集汇总后发给省级地质资料馆，省级地质资料馆主要采集实物地质资料信息等；2011年之后的项目基本信息和实物地质资料信息以及整装勘查区概况由四川省地质资料馆采集。图书文献资料信息由国土资源实物地质资料中心采集。成果地质资料信息由国土资源实物地质资料中心和省级地质资料馆共同采集完成。

第三步：数据质量检查。

在数据采集的过程中，按照质量管理要求对数据质量进行检查，不合格的数据要重新返回修改。

第四步：数据包制作。

经过检查合格、整理之后的数据，录入到整装勘查区实物地质资料信息集成系统中，制作完成整装勘查区实物地质资料信息集成数据包。数据包制作可采用两种方式录入数据：逐项录入和批量导入。

（三）数据包内容

数据包内容包括攀西整装勘查区背景信息和地质资料信息两部分。

背景信息主要包括整装勘查区范围、交通位置、区域自然地理与地质矿产条件、整装勘查工作部署与进展、以往各类地质工作程度等（表4-12）。

表4-12 四川省攀西整装勘查区实物地质资料信息集成数据库包背景信息内容

信息类别	信息内容
范围与交通位置	经纬度、面积、位置、交通
自然地理	气候、水文、地形、地貌
地质矿产条件	地层、构造、岩浆岩、矿产分布
整装勘查部署与进展	区块划分、目标、任务、工作量、进展
已有地质工作	区域地质调查、物探、化探、遥感调查、矿产勘查

地质资料信息主要包括项目信息、成果地质资料信息、实物地质资料信息、钻孔信息、图书文献信息，表现形式为图表和文字（表4-13）。

表 4 – 13　四川省攀西整装勘查区实物地质资料信息集成数据包地质资料信息内容

数据类别	数量	信息内容
项目信息	共 499 个，其中 1955 ~ 1975 年项目 236 个，1976 ~ 2000 年项目 207 个，2001 ~ 2013 年项目 56 个	项目名称、承担单位、项目负责人、工作类型、工作程度、行政区划、起止时间、经纬度范围、报告名称、实物类型及数量、保存状况等信息
成果地质资料	共 428 档，其中矿产勘查 349 档，区域调查 42 档，物化遥勘查 9 档，地质科学研究 25 档，其他 3 档	成果资料名称、资料类别、保管单位、保管地点、案卷号、所属项目名称、工作区范围、内容摘要等信息
实物地质资料	共 513 份，其中岩心 320340.49m，标本 11883 块，副样 357340 袋，光薄片 20656 片	资料名称、案卷号、保管单位、保管地点、所属项目、钻孔数、岩心长度、标本数、薄片数、光片数、副样数、其他实物数、相关资料类型及数量、保存状况以及岩心扫描图像等信息
钻孔资料	4360 个	钻孔编号、所属资料、勘探线号、钻孔经纬度、钻孔直角坐标、开终孔日期、实际孔深、钻取岩心长度、馆藏岩心长度、钻取岩屑数量、馆藏岩屑数量等信息
图书文献资料	140 份，其中专著 0 部，论文 140 篇，其他 0 份	题名、责任者、主题词、刊名、出版年月、期次、基金、摘要等信息

三、攀西整装勘查区实物地质资料信息集成成果应用

(一) 初步应用效果

1. 推介情况

为了充分应用数据包，2014 年 11 月初召开了攀西整装勘查区实物地质资料信息集成成果推广应用发布会，将"四川省攀西整装勘查区实物地质资料信息集成数据包"推介给了四川省国土资源厅地质勘查处和储量处、四川省地质矿产勘查开发局、四川省地质调查院、四川省地质矿产勘查开发局 106 地质队、四川省地质矿产勘查开发局 403 地质队、四川省冶金地质勘查院等 16 家单位（表 4 – 14），涉及地勘单位 12 个，矿山企业 2 家，省级矿产资源主管部门 2 个。

表 4 – 14　攀西整装勘查区实物地质资料信息集成数据包推介应用单位一览表

序号	单位名称	序号	单位名称
1	四川省国土资源厅地质勘查处	9	四川省冶金地质勘查院
2	四川省国土资源厅储量处	10	四川省冶金地质勘查局 601 大队
3	四川省地质矿产勘查开发局	11	四川省煤田地质局
4	四川省地质调查院	12	四川省煤田地质局 135 队
5	四川省地质矿产勘查开发局 106 地质队	13	四川省煤田地质工程勘查设计研究院
6	四川省地质矿产勘查开发局 403 地质队	14	四川省核工业地质局
7	四川省地质矿产勘查开发局 109 地质队	15	攀钢集团矿业有限公司规划发展部资源科
8	四川省地质矿产勘查开发局攀西地质队	16	四川安宁铁钒钛股份有限公司

2. 应用效果

通过推介应用，各单位普遍反映虽然研究成果刚刚利用，但为他们提供了系统完善的地质资料信息，对部署实施整装勘查以及科研工作发挥了作用。各单位反馈的应用情况如下：

1）整装勘查区实物地质资料信息集成数据包内容丰富、分类清晰，清楚地显示了勘查区以往开展过的不同程度地质工作，便于掌握勘查区以往地质工作程度，能够对全省及全国的国家级整装勘查项目的分布及矿种情况有初步的了解，为进一步的资料收集及信息检索提供了依据。对于今后安排地质工作和立项选区十分便利。为矿产资源管理部门下一步在整装勘查区进行工作部署提供了很好的指导作用。

2）该数据包采用图件结合表格文字表达形式，查阅十分方便，能够翔实反映不同项目形成的实物地质资料情况，便于对以往各项目的钻孔岩心编录及勘探线剖面图及矿体等资料进行查阅，略去以往到各个兄弟单位之间借阅资料的程序，省时省力，方便快捷。在整装勘查区地质研究和矿产勘查中具有十广泛的应用前景。

3）整装勘查区实物地质资料信息集成数据包为地质工作人员提供了实物地质资料、成果地质资料、图书文献资料"一站式"服务，使项目人员能足不出户、及时地查到所需的资料，避免在项目立项和设计工作中，往往因地质资料的缺少而多处查询；还有在工作预算中对工作量的安排避免了单项目重复勘查，极大地节约了项目成本，提高了工作效率。

4）"四川省攀西整装勘查区实物地质资料信息集成数据包"，是岩矿心、标本、副样、光（薄）片等实物地质资料与地质原始资料、地质成果资料、图书文献资料信息的有机集结，能为编制长期矿业开发规划、矿产资源综合利用评价、地质勘查攻深找盲、地质科研、项目立项择优、科考、教学等提供大量十分有用的地质信息。

5）数据包有利于地勘单位下一步开展综合研究，拓宽找矿思路和加强综合找矿。通过比对同一成矿带上已知矿床的钻孔及岩心等实物地质资料，开展地层、矿体三维模拟演示形成新的找矿思路；通过分析研究实物地质资料可以认识成矿作用及成矿规律，对探索不同区域及不同成矿作用的成矿特征以及成生联系，具有一定的指导作用。

如四川省地质调查院承担的攀西地区钒钛磁铁矿综合物探方法研究项目，以往在项目设计阶段，需要了解红格矿区以往工作程度收集资料时，由于省厅资料馆只有一些成果资料，必须到四川省地质矿产勘查开发局106地质队（成都温江）、403地质队（峨眉山市）、207地质队（乐山市）、冶金局605队（攀枝花市）等单位收集相关实物地质资料信息，包括项目名称、各项目开展工作情况及相应的资料清单，再从中筛选有用资料，办理查阅手续，工作量非常大，往返行程达上千千米。

但是，这次在项目设计阶段利用了"四川省攀西整装勘查区实物地质资料信息集成数据包"，则可以一步到位，直接查询到106队、403队在红格矿区的相应的详细资料，最后选定在红格矿区南北矿段ZK10614孔附近开展相应工作，并直接在106队长坡库房测量岩心物性数据。这种"一站式"服务，极大地提高了工作效率，节约了项目成本，提高了项目成果质量。

四川省攀西整装勘查区实物地质资料信息集成成果虽然只是得到初步应用，但是取得了一定效果，通过本次试点，为地质资料信息服务集群化创造了许多经验，今后进行广泛的推广应用，将会带来巨大的经济效益和社会效益。

（二）取得的经验与推广建议

1. 取得的工作经验

第一，通过实物地质资料信息采集工作，把过去不同时期由不同单位完成的各类成果进行系统的汇集整理，内容丰富详细，充分反映了攀西地区钒钛磁铁矿及铜、铅、锌、镍等成矿条件，将这些地质资料进行综合集成，具有很大的实用价值。

第二，矿产资源勘查离不开各阶段的地质资料信息重复利用，通过综合集成将在各专业队、科研院校分散保管的资料形成集群化的信息，满足不同利用者的不同需求。

第三，通过信息数据包集成提供"一站式"服务，应用效果明显，极大地提高了工作效率，极大地节约了项目成本，提高了项目成果质量。通过信息的集中查询，使用者对该区的工作程度能一目了然，用以指导工作安排；为决策者提供可靠的依据，使新的工作能够在更高的起点上起步，避免低水平的重复地质工作。

第四，"四川省攀西整装勘查区实物地质资料信息采集与示范应用"成果，充分发挥了岩矿心、标本、副样等实物地质资料的作用；通过实物地质资料与成果地质资料、钻孔资料、图书文献资料的集合，为有关部门编制长期矿业开发规划、矿产资源综合利用评价、地质勘查攻深找盲、地质科研、项目立项择优、专业教学等提供向导性的地质信息服务。

第五，随着深部找矿工作的开展，实物地质资料越来越显现出其重要价值；随着地质资料信息服务"两化"建设的初见成效，实物地质资料工作得到重视。"四川省攀西整装勘查区实物地质资料信息采集与示范应用"试点项目，是开发整装勘查区实物地质资料服务产品工作的一部分，是推动全国实物地质资料服务信息集群建设的试点之一，最终目标是实现全国实物地质资料信息共享。

第六，本次工作的难点之一是实物地质资料信息收集与整理，目前实物地质资料由勘查单位临时分散保管，岩心、标本、副样放置于各自勘查矿山，大多没有符合要求的库房，保存状况普遍较差。几十年来未进行全面系统的统计、整理，一些勘查单位实物地质资料已损毁或处理，保留下来的也都是残缺不全，大部分实物地质资料信息未能利用。通过本项目工作，将攀西地区现存的实物地质资料进行了清查，掌握了基本信息，不仅丰富了本项目成果，而且为实物地质资料管理提供了基础。

第七，本项目系用主动推介的方式，将整装勘查区实物地质资料信息集成数据包赠送给承担勘查工作的单位，得到各应用单位的热烈欢迎。由此得到启示，提高地质资料服务水平，必须改变传统的服务模式，要紧密结合国家重点部署和社会需求，有针对性地开发适用的服务产品，并与利用者互动，倾听他们的意见，丰富服务产品，改进服务方式，实现地质资料管理与地质工作的有机融合。

2. 进一步推广应用建议

（1）实物地质资料信息集成成果推广应用

按照规划，目前四川攀西整装勘查只是第一阶段的工作，今后还将继续实施第二阶段（2016~2020年）和第三阶段（2021~2030年）的工作。因此，在进一步补充完善四川省攀西整装勘查区实物地质资料信息集成成果（数据包）的同时，应进一步扩大推广范围，使承担整装勘查单位及相关单位都得到应用，为今后阶段的整装勘查工作发挥更大的信息支持作用。

（2）实物地质资料信息集成技术方法推广建议

实践证明，依托攀西整装勘查区研究建立的实物地质资料信息集成技术，是实现各类地质资料及图书文献资料一体化服务的有效途径，对于提高地质资料信息服务具有重要意义。因此，建议将本项目研究建立的实物地质资料信息集成技术以及推广应用方法推广到其他整装勘查区，同时还可拓展到重点成矿区带或重要经济区的实物地质资料信息集成，从而丰富实物地质资料服务产品，更新实物地质资料服务方式，为地质找矿和经济社会发展发挥更大的作用。

第二节　青海省祁漫塔格整装勘查区实物地质资料信息集成与应用示范

一、以往工作程度及整装勘查工作部署

（一）整装勘查区概况

青海省祁漫塔格地区铁铜矿整装勘查区位于青海省格尔木市以西约350km祁漫塔格地区，西起卡尔却卡，东至小灶火，南以昆中断裂为界，北至柴达木盆地南缘。整装勘查区行政区划分属青海省海西蒙古族藏族自治州茫崖行政委员会和格尔木市乌图美仁乡管辖，该区是国土资源部首批设立的47片找矿突破战略行动整装勘查区之一，包含了青海省格尔木市野马泉地区铁多金属矿整装勘查区、青海省格尔木市卡尔却卡地区铜多金属矿整装勘查区、青海省格尔木市拉陵灶火地区铜多金属矿整装勘查区3个省级整装勘查区。

（二）以往工作程度

1. 区域地质调查

1）1955年，地质部柴达木石油普查大队在柴达木盆地进行大规模的石油普查，工作范围包括评价区东北部边缘，著有《1955年初步地质总结》，对盆地的地质概况、构造特征和含油层等做了阐述。

2）1957年，青海省石油普查大队继续进行柴达木盆地及周围山系边缘的地质测量工作，利用航片填制了1:20万地质图。通过以石油普查为中心任务的地质填图，对柴达木盆地及周边的地质情况有了较全面的了解。著有《1957年地质工作总结》，并首次编制了该区地层表。

3）1978～1990年，青海省地质局区调一队在本区陆续完成了伯喀里克幅、那陵格勒幅、乌图美仁幅、塔鹤托坂日幅、布伦台幅及开木棋陡里格幅1:20万区域地质调查。

4）2001～2003年，青海省地质调查院在青新边界祁漫塔格地区进行了库郎米其提幅和布喀达坂峰幅1:25万区域地质调查，运用板块构造和大陆造山带地质理论，分析、探讨了调查区地史演化，认为祁漫塔格造山带是早古生代蛇绿混杂岩带，具有复杂的地质演化历史和良好的成矿地质条件，是一条具有远景的多金属成矿带。

5）2006～2008年，青海省地质调查院开展了乌兰乌珠尔–祁漫塔格地区8幅和喀雅

克登塔格地区 5 幅 1:5 万区域地质调查，对祁漫塔格结合带的地质构造组成进行了详细调查研究，对复式岩基进行解体，并初步总结分析了该区域的成矿控矿因素，认为祁漫塔格造山带是一条具有远景的多金属成矿带。

6) 1999～2001 年由中国地质科学院矿产资源研究所完成的"东昆仑地区综合找矿预测与突破"项目涉及本区，该项目将野马泉地区作为铁金多金属矿资源远景区，从区域地质背景、矿化特征及典型矿床、成矿规律及成矿预测等方面进行了系统的分析和论述，认为该区是 Fe、Co、Au、Zn、Cu 等的高背景区，经历了长期的构造演化，具备成矿的基本条件；并认为与印支期中酸性岩浆活动有关的矽卡岩型矿化是本区主要的成矿作用，热水沉积作用成矿和造山带构造蚀变岩型金矿化也是区内不容忽视的成矿作用。在此基础上，建立了区域成矿模式，确立了找矿标志。

7) 2001～2002 年由吉林大学承担的"青海－新疆东昆仑成矿带成矿规律和找矿方向的综合研究"项目，通过工作研究，认为祁漫塔格地区具有多期成矿作用叠加、为一多组分叠生矿床集中产出的成矿特征；矿床成因类型为热水沉积型和中温热液型。同时认为该区所发现的热液脉状矿体可能为一种矿头或前缘反映，应注意浅埋藏或隐伏矿体的找矿工作。

2. 区域地球物理、地球化学调查

1) 1966 年，地矿部航空物探大队 902 队在柴达木盆地及其边缘山区分别进行了 1:100 万和 1:20 万航空磁测工作。1975 年国家地质总局航空物探大队 902 队在青海南部和西南部地区进行了 1:50 万航空磁测工作，圈定了一大批航磁异常。

2) 1968～1970 年，青海省地质局物探队在那陵格勒河至巴音郭勒河山前覆盖区开展了 1:5 万地磁测量。同时对有关地段进行了磁异常检查，先后发现了肯德可克、尕林格、野马泉等铅、锌、铁矿床。

3) 1996～2000 年，青海省有色地勘局在祁漫塔格地区相继开展了 1:10 万、1:5 万水系沉积物金属测量和异常检查，先后在肯德可克、黑河等地圈出一批以 Au－Co－Ag－Cu 等元素为主的综合异常，在肯德可克矿区圈出数条具一定规模的伴（共）生的金、钴、铋矿体。这些矿种的发现，不仅提高了矿床经济价值，也拓宽了该区今后的找矿思路。

4) 1997～1999 年，青海省地球化学勘查院在柴达木盆地西缘开展 1:20 万区域化探扫面工作时，在评价区共圈出各类综合异常 46 处；仅对部分交通条件较好，成矿地质条件良好的综合异常进行了查证，未取得重大突破。但其成果为今后地质找矿提供了基础性的区域化探资料和目标靶区。

5) 2000～2002 年，青海省地质矿产勘查院在评价区针对 1:20 万化探异常开展了 1:5 万矿产地球化学普查，主要为：①对野马泉矿区外围 AS40 乙 2 综合异常进行 1:5 万水系沉积物测量和异常检查，发现矿化蚀变带 3 条，圈出 11 条铅锌矿体，估算铅锌资源量 $1.3 \times 10^4 t$；②铁石达斯山 1:5 万地球化学普查，圈定综合异常 9 处，新发现哈是托、牛苦头沟等 3 处矿化点，找矿进展不大；③对开木棋河 AS45 乙 2、AS46 乙 2 两个异常进行 1:5 万水系沉积物测量，后分解为 5 个子异常，预查成果不理想。

6) 2001～2005 年，对卡尔却卡、乌兰乌珠尔相继进行 1:5 万矿产地球化学普查。大调查工作期间，两区均有商业性的矿产普查。

7) 2005～2006 年，青海庆华矿业公司委托青海省地质调查院开展了青海省格尔木市野马泉 M4、M5 磁异常区锌铁矿详查，在 M4、M5 异常区圈出铁多金属矿体 57 条。

8）根据1:20万伯喀里克幅、那陵格勒幅、乌图美仁幅、塔鹤托坂日幅、布伦台幅及开木棋陡里格幅不同图幅的地球化学景观，有针对性地进行了重砂、放射性测量工作，基本查明了区内地层、构造及矿产分布特征；并以地质力学为主导地质理论，建立了该区构造格架，初步探讨和总结了区内的成矿规律和成矿条件，进行了有关矿产的预测。

9）2006～2008年青海省柴达木综合地质勘查大队与青海省鸿鑫矿业公司及青海省长河矿业公司联合勘查，在牛苦头地区对3个主要磁异常区进行了详查，分别为矿区C3磁异常区和矿区外围M1、M4两个磁异常区，找矿工作取得重大成果。目前共在C3磁异常区圈定铜硫铁铅锌矿体166条，在M1磁异常区圈定硫铁铅锌矿体10条，在M4磁异常区圈定铜硫铁铅锌矿体3条。

3. 区域地质矿产勘查

1）1977年，青海省第一地质队在那陵格勒河东岸至开木棋河一带开展1:5万以铁、铜为主的矿产普查，发现了那东、金红山、小红山等磁铁矿点6处及一批铜、钨、铅、钛、锡、钼、铋等重砂异常，认为多金属矿化成因类型为矽卡岩型。

2）1978～1981年，青海省地质局组织下属的几个地质队、物探队和地质研究所对野马泉地区铁矿进行会战，对该区铁矿评价做了大量的工作，特别是对肯德可克铁矿进行了多金属矿普查和详查，提交C+D级铁矿石量7406.63×10^{4}t；D级锌金属量13.66×10^{4}t；D级铅金属量5.8×10^{4}t；D级铜金属量711t；C+D级硫矿石量198.48×10^{4}t；同时发现金矿化并圈出50多个金矿体，估算金金属量1.79t。

3）1979年，青海省地质局第一地质队在那陵格勒河沟脑索拉吉尔进行铜矿检查，圈定铜矿体8条，提交了《青海省格尔木县索拉吉尔铜矿点初步检查》报告。目前该铜矿已有私有企业投资开采。

4）1981～1984年，青海省柴达木综合地质勘查大队在开木棋河—白沙河一带开展了1:5万地质矿产普查，发现磁铁矿（化）点10个，方铅矿矿化点1个及其他金属、非金属矿（化）点多处，其成因类型为矽卡岩型。

5）2000～2001年，青海省地质矿产勘查院（现为青海省地质调查院）开展了野马泉地区铜多金属矿普查。2003～2004年，在野马泉M1地磁异常内发现了矽卡岩带，除原圈定17条铁矿体外，新圈出铜矿体2条（多与铁矿共生）、铅锌矿1条。目前，野马泉铁多金属矿床正在进行详查。

6）2004～2006年青海省柴达木综合地质勘查大队与青海物通（集团）实业有限公司联合对乌兰拜兴铁多金属矿进行了勘查，在C1磁异常区圈定磁铁矿体4条。

7）2003～2007年青海省地质调查院在卡尔却卡开展了国土资源大调查和商业性项目，在A区发现规模较大的含铜破碎蚀变带3条，地表圈出具一定规模的铜矿体9条。在C区发现规模较大的含金破碎蚀变带及含铅锌蚀变带各1条，圈出铅锌金多金属矿体25条，其中，锌矿体7条，铅锌矿体7条，铅矿体2条，金铅锌矿体1条，金矿体8条。

8）2004～2010年，青海省地质调查院和青海省第三地质矿产勘查院开展了青海省格尔木市野马泉地区铁多金属矿普查工作，对矿区内的13处地磁异常（M1、M2、M3、M5南部、M6、M7、M8、M9、M10、M11、M12、M13和M14异常区）开展了不同程度的普查、详查工作，共圈出铁多金属矿体132条，矿体主要产于中酸性侵入岩与上石炭统缔敖苏组、寒武－奥陶系滩间山群外接触带矽卡岩中，成矿类型属于接触交代（矽卡岩）型。

9）2003～2011年青海省地质调查院和青海省第三地质矿产勘查院在卡尔却卡开展了青海省国土资源厅勘查项目和商业性项目，取得了较大突破，在矿区共圈定铜锌多金属矿体65条。矿化类型主要为矽卡岩型、热液型及斑岩型。为此次资源评价项目报告提交资源量估算提供了详实的资料。

10）2007～2012年青海省第三地质矿产勘查院在喀雅克登塔格地区开展了青海省国土资源厅勘查项目，共发现4条含矿带（Ⅰ—Ⅳ），圈出多金属矿体43条，其中矿体规模相对较大的有8条。

11）2008～2013年青海省第三地质矿产勘查院在别里塞北开展了青海省国土资源厅勘查项目和商业性项目。通过普查工作，在CZ11-1异常中圈出了8条磁铁矿体，在CZ11-3异常中圈出了3条磁铁矿体，在CZ11-5异常中圈出了2条磁铁矿体，在CZ11-6异常中圈出了3条磁铁矿体，共计16条磁铁矿体。

12）2011～2013年青海省柴达木综合地质勘查大队与青海省长河矿业公司联合对四角羊—牛苦头沟地区进行了勘探，共圈定118条铁多金属矿体，矿体多为似层状、透镜状，矿体的长度、宽度和厚度变化较大，矿体的矿石类型较复杂，同一矿体中可见多种矿石类型。

综上所述，祁漫塔格整装勘查区找矿潜力较好，晚古生代—早中生代矽卡岩、热液型矿产是区域找矿主攻方向，应加强对狼牙山组、滩间山群、缔敖苏组和中酸性岩体接触带、主断裂及次级断裂，以及斑岩体的研究和找矿工作。

（三）整装勘查部署与工作进展

1. 整装勘查部署

祁漫塔格铁铜整装勘查区是青海省最重要的铁多金属成矿远景区之一，被国土资源部列入首批找矿突破战略行动国家级整装勘查区。其有色金属成为全国十大新发现的资源接替基地。据统计，各项工作量持续增加，1:5万区调、矿调工作量增长近10倍，钻探、槽探工作量增加了3倍。

青海省对祁漫塔格铁铜整装勘查区实物地质资料实行"统一工作部署、统一组织实施、统一工作进度、统一质量要求、统一成果验收"的"五统一"管理，集中资金和技术力量，统筹中央、地方和社会资金，加速整装勘查，加快整体评价。5年新增资源量中，80%～90%资源量来自整装勘查区。这充分说明整装勘查是实现找矿重大突破的有效途径，应继续在祁漫塔格整装勘查区进行规划和部署（图4-10）。

勘查周期：5年，即2013～2017年。

主攻矿种：铁、铜铅锌、钼、钴，兼顾评价钨、锡、铋和金、银。

主攻类型：矽卡岩型、层控型、热液型、斑岩型。

祁漫塔格铁铜整装勘查区将成为$1000 \times 10^4 t$级铁铜镍铅锌矿矿产资源基地。

2. 工作进展

祁漫塔格铁地区铁铜矿整装勘查区于2008～2013年实施青藏专项项目，2010年启动整装勘查，统一部署，发现了夏日哈木超大型镍钴矿，实现了镍钴矿在矿种和类型上的重大突破。通过祁漫塔格整装勘查区部署工作的实施，累计圈定地磁异常701处、航磁异常690处、化探综合异常1052处，发现矿（化）点及矿化线索320处，圈定了一批成矿远景区和找矿靶区，为下一步地勘工作部署提供了依据。

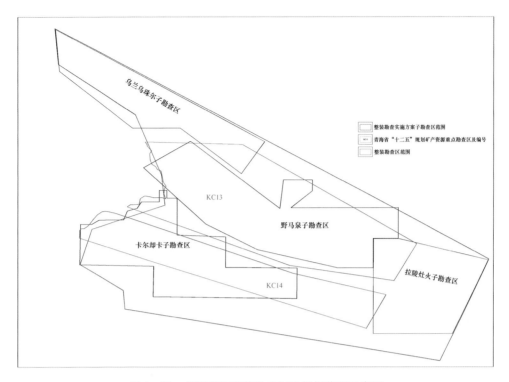

图 4-10　祁漫塔格整装勘查区及规划范围示意图

目前，祁漫塔格地区铁铜矿整装勘查区工作部署周期为 5 年，已开展工作 2 年，勘查区共计完成了 1:5 万区调 16 幅，1:5 万矿产远景调查 35 幅，1:5 万高精度磁测 15 幅，1:5 航磁 22 幅。

二、祁漫塔格整装勘查区实物地质资料信息集成

（一）青海省实物地质资料管理现状

青海省实物地质资料保管实行分级管理的模式，实物地质资料分散保管在不同的单位。根据 2010 年实物地质资料摸底调查清理结果，全省实物地质资料保管现状见表 4-15。

表 4-15　青海省实物地质资料保管现状统计

实物地质资料库	岩矿心 m	水系副样 件	光薄片 件	标本 块	岩屑 块	截止 日期
青海省地勘局实物地质资料库	17510.18	322184	18432	15814		2009 年 12 月
青海省有色地勘局实物地质资料库	21733.64	143039	797	273		2009 年 12 月
核工业地质局实物地质资料库	371.57	270155		300		2009 年 12 月
其他实物库房	32235				114	2009 年 12 月
青海省级地质资料馆藏机构		180008				2013 年 12 月
总计	71850.39	915386	19229	16387	114	

根据馆藏实物地质资料目录清单统计，2010～2013年12月在祁漫塔格整装勘查区内钻探145079.55m，共取得岩矿心129397.1m等实物地质资料（表4-16）。

表4-16　祁漫塔格整装勘查区2010～2013年取得的实物地质资料清单

项目	钻孔数量 个	总进尺 m	取心 m	岩屑 袋	标本 块	样品 袋	光片 件	薄片 件
青海省格尔木市野马泉地区铁多金属矿普查	228	35724.63	33436.96	9345	109	9345	169	292
青海省格尔木市卡而却卡铜矿普查	165	64557.47	57456.15	13102	109	18	231	177
青海省格尔木市那林格勒河下游它温查汉西铁多金属矿预查	25	11222.06	6604.24			0	26	61
青海省格尔木市四角羊—牛苦头矿区多金属矿详查	89	33575.39	31899.77			6767		
总　计	507	145079.55	129397.1	22447	218	16130	426	530

（二）工作步骤及技术方法

1. 数据整理

（1）数据整理原则

数据整理是对实物地质资料信息集成研究中所搜集到的资料进行检验、归类编码和数字编码的过程，它是信息集成的一项重要工作内容。

信息集成的数据整理是以地质工作项目为基本单位，按照数据项设置的信息组织结构和集成内容进行逐步整理，要符合设定的格式和标准，数据项之间以项目名称作为关联项，逻辑组构要符合要求。如果同一个工作项目形成多个案卷级实物地质资料，按照实际情况分别进行整理，以项目名称作为关联；多个工作项目形成的实物地质资料组合构成一个案卷级实物地质资料，按照工作项目个数分别进行整理，如有特殊情况可附以说明。

收集祁漫塔格整装勘查区内成果地质资料、实物地质资料、原始地质资料等进行综合整理汇总，形成实物地质资料信息集成数据包，经过试用，总结出成熟的工作方法和宝贵经验；为下一步整装勘查区实物地质资料信息集成和成果应用闯出了路子，同时也为实物地质资料信息集群化服务提供典型例子。

（2）实物地质资料及成果地质资料、文献资料整理

按照整装勘查区实物地质资料信息集成对实物、成果及文献资料的需求，开展相关资料收集、整理、汇总。

项目信息是区域性工作程度的基础数据信息，以项目名称为主要牵导，关联有关的集成信息数据。项目信息按照数据整理原则需整理项目基本信息表，信息表格式为EXCEL格式。

实物地质资料主要依托省级馆藏机构保管的整装勘查区内成果地质资料和地勘单位保

管的实物地质资料。实物地质资料信息是整个信息集成的核心部分，按照数据整理原则分别整理实物地质资料目录信息表、钻孔信息表、岩心信息表、标本信息表、光薄片信息表、副样信息表、相关资料信息表。标本图像和光薄片显微影像整理格式为 JPG 格式。岩心数字化影像信息还需整理岩心回次信息表，信息表格式为 EXCEL 格式，岩心图像格式为 JPG 格式。需要注意的是，标本图像、光薄片显微影像、岩心数字化影像（JPG 格式）的图件名称与文档中的名称要相一致，一般为其编号。

成果地质资料主要依托省级地质资料馆藏机构收集的整装勘查区内已完成地质工作项目的成果信息。成果地质资料信息按照数据整理原则，需整理成果地质资料目录信息表，信息表格式为 EXCEL 格式。

图书文献资料主要依托中国地质图书馆图书文献全文检索系统，以整装勘查区为单位进行检索。图书文献资料信息按照数据整理原则，需整理图书文献资料目录信息表，以及图书文献资料的全文，信息表格式为 EXCEL 格式。

原始地质资料由于目前我国的地质资料管理情况和自身特点，将其纳入实物地质资料的相关资料部分，所以不再单独进行数据资源的整合。

另外，还应对整装勘查区自然地理、区域地质矿产、整装勘查工作部署与进展等资料的文档和图件进行收集、整理。文档整理格式为 TXT 格式。图件整理格式为 JPG 格式，同时分辨率不要过高以免造成读取错误。图件名称与文档名称要相一致。

2. 地质资料信息组织

收集祁漫塔格整装勘查区内形成的所有成果地质资料、原始地质资料、实物地质资料目录、图书文献目录、钻孔清查数据库、实物地质资料摸底调查数据库、潜力评价数据库等信息，以项目为单位，筛选整理出有实物工作量的项目信息和实物数量信息，采用实物地质资料信息 EXCEL 采集模板，按照《整装勘查区实物地质资料信息集成技术要求》逐个信息表项进行信息录入。

按照有无实物地质资料及实物资料类型进行整理。无实物地质资料的项目只需填写相关资料信息表，有实物地质资料的项目填写钻孔信息表、岩心信息表、标本信息表、光薄片信息表、副样信息表。青海省国土资源博物馆将各地勘单位信息表汇总，统一导入软件形成实物地质资料信息数据包。下面以青海省第三地质矿产勘查院完成的"青海东昆仑西段祁漫塔格地区铜多金属矿资源评价"项目为例，将实物地质资料信息表一一展开描述。

（1）项目基本信息表

项目基本信息表作为项目工作内容的基础数据信息表，主要的信息内容包括项目基本信息和实物集成表的概要内容（表 4 - 17）。

（2）实物地质资料信息表

该部分内容是整个信息集成的核心部分，分为实物地质资料目录信息表、钻孔信息表、岩心信息表、标本信息表、光薄片信息表、副样信息表等。

A. 实物地质资料目录信息表

以案卷级实物地质资料为基本单位，主要信息包括资料的基本信息和实物地质资料有关文件的类型和数量（表 4 - 18）。

表 4 – 17   项目基本信息表

项目名称	青海东昆仑西段祁漫塔格地区铜多金属矿资源评价				项目编码		200310200011	
承担单位	青海省第三地质矿产勘查院				项目负责人		田三春	
工作类型	矿产勘查				工作程度		普查	
行政区划	青海省海西蒙古族藏族自治州茫崖行政委员会和格尔木市乌图美仁乡							
起始时间	2003/1/1			终止时间		2007/12/30		
起始经度	E	90	30	00	终止经度	E	93	40	00
起始纬度	N	36	20	00	终止纬度	N	38	00	00
报告名称	青海东昆仑西段祁漫塔格地区铜多金属矿资源评价							
相关实物	无□ 有√	钻孔数：5（个）；岩心：1295.68（m）；标本：252（块）；薄片：152（片）；光片：69（片）；副样：（袋）						
相关文献								
备注								

表 4 – 18   实物地质资料目录信息表

资料名称	青海东昆仑西段祁漫塔格地区铜多金属矿资源评价报告	案卷号	001
保管单位	青海省第三地质矿产勘查院	保管地点	青海省第三地质矿产勘查院资料室
所属项目名称	青海东昆仑西段祁漫塔格地区铜多金属矿资源评价		
实物地质资料类型及数量	钻孔数：5（个）	岩心：1295.68（m）	标本：（块）
	薄片：152（片）	光片：69（片）	副样：（袋）
	其他：		
实物地质资料相关资料类型及数量	文本：22（册）	电子文件：0（份）	
	图件：11（张）	电子图件：5（张）	
备注			

B. 钻孔信息表

以一个钻孔为基本信息单元，反映该钻孔的基本信息内容（表 4 – 19）。

表 4 – 19   钻孔信息表

钻孔编号	ZK001		
所属资料名称	青海东昆仑西段祁漫塔格地区铜多金属矿资源评价	资料案卷号	001
勘探线号	0 线		
钻孔经度	905852	钻孔纬度	364833
钻孔直角坐标 X		钻孔直角坐标 Y	钻孔直角坐标 H
开孔日期	2005/6/16	终孔日期	2005/8/22
实际孔深/m	182.69	钻取岩心长度/m	153.2	馆藏岩心长度
钻取岩屑数量/袋	119	馆藏岩屑数量	
备注	北京 1954 坐标系		

C. 岩心信息表

主要描述岩心的基本信息，内容包括分层厚度、分层岩心描述。有条件的应收集岩心数字化影像信息（表4-20）。

表4-20　岩心信息表

钻孔编号	ZK001		
所属资料名称	青海省东昆仑西段祁漫塔格地区铜矿评价	资料案卷号	001
钻孔深度（m）	182.69		
分层岩心描述	0~3.09m，灰白色似斑状黑云二长花岗岩，岩石呈灰白色，似斑状结构，块状构造。岩石普遍具弱高岭土化蚀变，局部具弱褐铁矿化。该层岩石破碎，其间夹砂，土为残坡积产物 3.09~10.16m，褐黄色碎裂似斑状黑云二长花岗岩，岩石呈褐黄色，少数灰白色，似斑状结构，块状构造。岩石较破碎，应为残坡积物。岩石普遍具较强高岭土化蚀变，局部具弱褐铁矿化。由较完整岩心可见钾长石呈细脉及团块分布 ……		
数字化影像			

D. 标本信息表

主要描述标本的基本信息，内容包括采样方法、采集位置、地理坐标、标本描述等（表4-21）。

表4-21　标本信息表

标本编号		标本名称	
所属资料名称	青海省东昆仑西段祁漫塔格地区铜矿评价	资料案卷号	001
薄片编号	ZP6-gb2	光片编号	TC2-gb1
标本类型		采样方法	
采集位置	6号剖面	地理坐标	4116900，16354500
采集人		采集日期	
标本描述			
备注			

E. 光薄片信息表

主要描述对应的光薄片信息，内容包括地理坐标、镜下描述、显微影像等（表4-22）。

表4-22　光薄片信息表

光薄片编号	07D3ZP3-b3	光薄片名称	含黑云母钾长花岗斑岩
所属资料名称	青海省东昆仑西段祁漫塔格地区铜矿评价	资料案卷号	001
地理坐标	4116900，16354500	标本编号	
镜下描述			
显微影像			

F. 副样信息表

主要描述副样的基本信息，内容包括样品类型、采样位置、采样坐标、采集方法、副样简介等（表4–23）。

表4–23 副样信息表

副样编号		副样名称	
所属资料名称		资料案卷号	
采样目的		样品类型	
采样位置		采样坐标	
采集方法		采集时间	
副样简介			

G. 相关资料信息表

相关资料主要指与实物地质资料类型对应的说明性文字、图件、测试结果等资料。相关资料分为文本和图件两种内容形式进行目录汇总（表4–24）。

表4–24 相关资料信息表

相关资料编号	D–0043	相关资料名称	冰沟南铜多金属成矿远景区ZK01剖面图
所属资料名称	青海省东昆仑西段祁漫塔格地区铜矿评价	资料案卷号	001
相关资料类别	附图	文件数量	1

（3）图书文献目录信息表

图书文献资料信息是指以整装勘查区为单位的图书文献类资料的目录，由于图书文献资料按照项目不易区分，这里将其单列出来（表4–25）。

表4–25 图书文献目录信息表

文献资料名称	祁漫塔格找矿远景区地质组成及勘查潜力	文献编号	《西北地质》2010年第4期
专著/期刊		专著号/期刊号	
文献分类		工作区	祁漫塔格整装勘查区
内容摘要			

（三）数据包制作

经过检查合格、整理之后的数据，录入整装勘查区实物地质资料信息集成系统中，制作完成整装勘查区实物地质资料信息集成数据包。信息集成系统提供了规范化录入方式，按照系统的数据著录设置，逐项将项目基本信息、实物地质资料信息、成果地质资料信息、图书文献资料信息导入信息集成系统中，完成整装勘查区实物地质资料信息集成数据包制作。

数据包制作可采用两种方式录入数据：逐项录入和批量导入。

本次数据包制作采用批量导入方式，将检查合格之后的各个数据表汇总后，将项目基本信息、实物地质资料信息、成果地质资料信息、图书文献资料信息导入到信息集成系统中，完成整装勘查区实物地质资料信息集成数据包制作。

批量导入方式的优点是数据可以批量导入，提高了效率，工作量大大降低。缺点是批量导入前需将数据按照一定的结构组织，而且数据之间的关联关系容易出错。

批量导入方式制作数据包步骤：

第一步：首先将整装勘查区概况、项目基本信息、实物地质资料信息、成果地质资料信息、图书文献资料信息按照一定的结构进行组织。

第二步：通过信息集成系统的批量导入功能批量导入数据。

第三步：检查导入的数据是否准确和完整。

第四步：对于检查出错误的数据，可通过逐项录入方式修改数据。

（四）数据包内容

数据包内容包括攀西整装勘查区背景信息和地质资料信息两部分。

背景信息主要包括整装勘查区范围、交通位置、区域自然地理与地质矿产条件、整装勘查工作部署与进展、以往各类地质工作程度等（表4-26）。

表4-26 青海省祁漫塔格整装勘查区实物地质资料信息集成数据包背景信息内容

信息类别	信息内容
范围与交通位置	经纬度、面积、位置、交通
自然地理	气候、水文、地形、地貌
地质矿产条件	地层、构造、岩浆岩、矿产分布
整装勘查部署与进展	区块划分、目标、任务、工作量、进展
已有地质工作	区域地质调查、物探、化探、遥感调查、矿产勘查

地质资料信息主要包括项目信息、实物地质资料信息、钻孔信息、成果地质资料信息、图书文献信息，表现形式为图表和文字（表4-27）。

表4-27 青海省祁漫塔格整装勘查区实物地质资料信息集成数据包信息内容

数据类别	数量	信息内容
项目信息	矿产勘查266个，区域调查44个，物化遥勘查98个，水工环勘查50个，科学研究7个，其他22个	项目名称、承担单位、项目负责人、工作类型、工作程度、行政区划、起始时间、终止时间、起始经度、终止经度、起始纬度、终止纬度、报告名称、工作区范围、实物工作量等信息
成果地质资料	共383档。其中，矿产勘查190个，区域调查38个，水工环勘查40个，地质科研54个，物化遥勘查49个，其他12个	资料名称、资料类别、保管单位、保管地点、案卷号、项目编码、所属项目、工作区、内容摘要等信息

数据类别	数量	信息内容
实物地质资料	共 124 份，包括 1561 个钻孔、21340 片光薄片、1342 袋副样等	资料名称、案卷号、保管单位、保管地点、所属项目、钻孔数、岩心长度、标本数、薄片数、光片数、副样数、其他实物数、文本资料数、电子文件数、图件数、电子图件数、保存状况以及岩心扫描图像等信息
钻孔资料	1561 个钻孔信息。数据包中有国土资源实物地质资料中心保管的祁漫塔格整装勘查区内 3 档实物地质资料钻孔岩心描述及岩心扫描信息（6G）	钻孔编号、所属资料、勘探线号、钻孔经度、钻孔纬度、钻孔直角坐标 X、钻孔直角坐标 Y、钻孔直角坐标 H、开孔日期、终孔日期、实际孔深、钻取岩心长度、馆藏岩心长度、钻取岩屑数量、馆藏岩屑数量、编目员、审核员等信息
图书文献资料	图书文献目录及全文 46 篇	题名、责任者、主题词、刊名、出版年月、期次、文献编号、基金、摘要、所属项目等信息

三、祁漫塔格整装勘查区实物地质资料信息集成成果应用

（一）应用情况

为保证实物地质资料集成数据包有较强的适用性，能对野外地质工作和科学研究有更大的参考指导意义，同时为矿产资源主管部门工作决策提供地质资料方面的参考，本次项目的成果选取了 11 家地勘单位、4 家矿山企业及探（采）矿权管理部门进行试用。试用结果从多层次、多方面、多角度反映了成果数据包的优势和不足，为成功推广项目形成积累了丰富的工作经验，同时，试用单位也提出了宝贵的意见和建议。

地勘单位：承担基金项目和商业性探矿项目，希望用到含实物地质资料信息的综合性图件。比如：了解勘查区工作程度时，希望在一张图上能看到开展过的工作项目、地质、矿产及项目形成的实物和成果地质资料等信息。参考附近地区实物地质资料信息，为部署下一步工程数量和位置提供参考。

矿业权公司：通过实物地质资料信息集成平台能掌握自己矿业权范围内形成的各类实物地质资料数量，为进一步工作安排提供充分有利的依据，为展示自己矿山成果、扩大公司知名度提供了一个很好的宣传平台。

领导决策：根据祁漫塔格整装勘查区集成的实物地质资料信息，可综合考虑区域内地层、实物数量，安排部署下一步将要开展的项目。

（二）应用效果

1. 地勘单位应用效果

（1）应用单位情况

青海省第三地质矿产勘查院，是青海省唯一一家具备区域地质调查、固体矿产勘查、地球物理勘查、地球化学勘查、遥感地质调查 5 个甲级资质，大地测量、摄影测量与遥感、工程测量、地籍测绘、地理信息系统工程、地质灾害危险性评估、地质灾害治理工程勘查 7 个乙级资质的综合性地质勘查专业队伍，为具有独立法人资格、独立经济核算的地

质勘查事业单位。

（2）应用效果

1）青海省第三地质矿产勘查院在祁漫塔格整装勘查区共有 32 个项目，如野马泉、肯德可克、别里塞北等大型矿床形成了大量的实物地质资料。其中，钻孔 632 个，岩心153505.53m，光薄片 2796 片等。实物地质信息集成采集工作开展相当及时，便于本单位对实物地质资料实行统一管理。

2）青海省第三地质矿产勘查院抓住这次项目机遇，利用本次成果进行综合研究，形成了实物地质资料信息集成数据包，编制了祁漫塔格整装勘查区工作程度图、矿业权分布图、实物地质资料分布图、原始地质资料及成果地质资料分布图。本项目成果帮助青海省第三地质矿产勘查院更直观地掌握了祁漫塔格整装勘查区形成的实物地质资料分布情况，为该院下一步在祁漫塔格整装勘查区的生产探矿和矿业开发打下了坚实的基础。

3）灵活运用实物地质资料信息参与综合研究有利于拓宽找矿思路和加强综合找矿。祁漫塔格地区东部原来只有零星分布磁异常的沙丘地区，青海省第五地质矿产勘查院通过分析祁漫塔格整装勘查区形成的实物地质资料，进而向西拓展，发现了一系列铁金铅锌多金属矿，发现了夏日哈木镍钴矿床以及外围铜等多金属矿床点。将来工作部署可以充分利用参考整个祁漫塔格整装勘查区形成的实物地质资料，通过比对同一成矿带上已知矿床的钻孔及岩心等实物地质资料，以及开展地下地层、矿体三维模拟演示形成新的找矿思路。通过分析研究实物地质资料可以判断地质成因和成矿作用及成矿规律，对探索不同区域及不同成矿作用的成矿特征、信息以及成生联系提供基础资料，可有效指导找矿与勘查实践。

4）对于老矿山和危机矿山，可以通过对往年的钻孔岩心、样品进行二次开发利用、分析，在充分分析地勘资料的基础上，重建矿床模型，确定矿山外围的重点勘查区域和勘探层位，扩大矿床规模，延长矿山服务年限，使危机矿山重生。二次开发实物地质资料，减少了工作中的盲目性，同时节约了相关投入，提高了效益投入比。

5）实物地质资料的特殊性确定了其具有不可替代的科学研究价值，及二次、多次利用开发价值，实物地质资料的二次开发利用在地质找矿的作用中已越来越多地被地质技术人员认同。同时，也为一些地质研究和勘查项目提供了实物地质资料的查阅便利，在整装勘查区地质研究和矿产勘查中具有十分广泛的应用前景。

2. 矿山企业应用效果

（1）应用单位情况

青海省齐鑫矿业有限公司，从事地质矿产勘查、物化探勘查、矿山企业地质勘查监理等工作，从事过 1:5 万地质大调查项目。目前拥有 50 余名地质专业技术人员，具固体矿产勘查甲级、物化探乙级勘查资质，有独立的矿山。

（2）应用效果

1）该项目作为青海省对实物地质资料信息数据集成的首次工作，项目选区比较合理，祁漫塔格整装勘查区地勘项目和两权项目较多，形成了十分丰富的实物地质资料。

2）通过实物地质资料信息数据集成，可为未知的地质矿产勘查区域工作部署提供技术指导，如开展地质勘查、科学研究及社会化服务，具明显的社会效益、经济效益。实物地质资料数据集成是一项十分重要的地质技术资料，其成果应用领域十分广阔，特别是矿业权人在开展勘查工作的同时对实物地质资料信息集成方面有着不可估量的数据需求。

3）实物地质资料信息集成，具有资料集中、可节约大量时间、便于查询诸多优点。无论是在基础地质、矿产勘查、工作部署、地质勘查还是科学研究等方面，实物地质资料都具有区域对比、技术指导和综合研究的利用价值。

4）数据包在应用方面极为便利，其数据结构、实物地质资料信息集成较为齐全，能长期满足地质勘查工作及工作部署需要，成果可进一步推广和应用。

5）实物地质资料信息集成数据包解决了矿业权交易过程中项目取得实物地质资料真实性的后顾之忧。

3. 矿业权管理部门应用情况

（1）应用单位情况

青海省国土资源厅勘查储量处、矿产开发管理处，是青海省的探、采矿业权行政主管部门。

（2）应用效果

祁漫塔格整装勘查区是青海省的重要成矿区带，也是国土资源部开展找矿突破战略行动以来确定的首批国家级整装勘查区。本次针对青海省的祁漫塔格整装勘查区设计的信息集成系统，设计方便、简单、实用，很贴合实际应用，为找矿战略突破行动提供了信息集成平台，也为整装勘查区下一步工作部署提供了很好的指导。为外省地勘单位来青海省祁漫塔格整装勘查区开展找矿工作提供了便利，更是节约了大量的查阅资料的时间，也使我们的地质资料服务水平更上一个台阶，为青海省地质资料集群化、产业化平台的搭建提供了很好的借鉴作用，也为青海省的地质资料服务工作指明了下一步工作方向。